楠木高效培育技术与实践应用研究

陈飞平　著

延边大学出版社

图书在版编目（CIP）数据

楠木高效培育技术与实践应用研究 / 陈飞平著. -- 延吉 : 延边大学出版社, 2022.9

ISBN 978-7-230-03826-3

Ⅰ. ①楠… Ⅱ. ①陈… Ⅲ. ①楠木－栽培技术－研究 Ⅳ. ①S792.24

中国版本图书馆 CIP 数据核字(2022)第 167925 号

楠木高效培育技术与实践应用研究

著　　者：陈飞平
责任编辑：具红光
封面设计：李金艳
出版发行：延边大学出版社
社　　址：吉林省延吉市公园路 977 号　　邮　　编：133002
网　　址：http://www.ydcbs.com　　E-mail：ydcbs@ydcbs.com
电　　话：0433-2732435　　传　　真：0433-2732434
印　　刷：天津市天玺印务有限公司
开　　本：710×1000　1/16
印　　张：13
字　　数：200 千字
版　　次：2022 年 9 月 第 1 版
印　　次：2024 年 3 月 第 2 次印刷
书　　号：ISBN 978-7-230-03826-3

定价：68.00 元

前　言

楠木属樟科楠属植物，又名楠树、桢楠等，主产中国湖北西部、贵州西北部、云南东北部、河南南部及重庆、四川等地。

楠木树形优美，树冠苍劲。树龄可达百年，具有独特的园林观赏价值，可作庭院、公园、道路等绿化用树，如孤植于假山、草坪、建筑物旁，亦可做行道树列植于道路两侧，形成古木参天的景观效果。

楠木自古为中国珍贵用材树种，木材结构细密，不易变形、开裂，芳香有光泽，耐腐且不易受病虫害侵扰，是建筑、高级家具、工艺品的优良木材。经过历代的采伐应用，天然楠木被消耗殆尽，但木材市场依然需求巨大。因此，楠木可作为广大农村地区经济树种或绿化树种长期栽培，既可满足绿化需求，亦可逐渐满足木材市场日益增长的需求，促进地方经济发展。

楠木幼年时，翠叶晶莹，隽秀犹如画笔；青年时，长而纤细，亭亭玉立，宛若纤腰舞女；壮年时，直击苍穹，撑朵绿云，仿佛巨柱冲天，是中国少有的珍贵园林绿化树种。目前，楠木虽被列为国家重点保护野生植物，但受巨大经济价值驱使，盗采盗伐案件时有发生，而人工培育种苗不足，无法满足市场需求。因此，加强楠木规模化生产培育，满足市场需求，培育珍贵特色园林绿化楠木种苗势在必行。

本书以楠木为研究对象，从楠木的基础知识入手，对楠木高效培育与人工林建设进行了分析，然后分别对楠木中三个著名品类——浙江楠、闽楠和桢楠，进行了多维研究，最后以金丝楠木为例，研究了金丝楠木的文化、美学、视觉感知及应用。

在撰写本书的过程中，笔者不仅参阅了大量有关楠木相关研究的书籍和期刊，而且为了保证论述的全面性与合理性，也引用了许多学者的观点。在此，谨向相关作者表示最诚挚的谢意。由于作者水平有限，加之时间仓促，书中难免有不足之处，恳请同行、读者指正。

陈飞平

2022 年 7 月

目　　录

第一章　绪论

楠属树种属樟科，共 94 种，我国产 34 种，分布于长江流域及其以南地区，多为高大乔木。木质结构细致，材色雅淡均匀，光泽性强，硬度与强度适中，胀缩变形小，油漆性能优良，芳香、耐腐，是我国传统的高级家具、建筑、船舶用材。历史上常有封建王朝千里迢迢从南方采运楠木到北方建造宫殿的记载，有的建筑保存至今。今天楠木普遍被用来制作钢琴壳、仪器箱、收音机壳、文具、测尺、漆器木胎、家具、车厢、胶合板等。由于用途广泛，楠木资源已日渐枯竭，成为难得的珍贵用材，有四种楠木被列入国家特别保护植物名单。高黎贡山黄楠园所产楠木，经鉴定为滇楠。滇楠树高可达 30 m，胸径可达 1.5 m，主干端直，枝叶茂密，四季常绿，既是珍贵用材树种，又是优良庭园绿化树种。分布较少，仅在滇南、滇西南以及西藏东南部海拔 900～1 500 m 的湿润亚热带常绿阔叶林中有星散生长，为国家二类特别保护植物。

第一节　楠木价值

楠木具有药用价值和实用价值。

一、药用价值

许多古代医书记载，楠木可以作药材。楠木性温和，可医治多种疾病。

《证类本草》和《普济方》皆在书中记载，将楠木的枝叶煎汁服下可治疗霍乱。霍乱是从古至今都存在的流行病，是一种急性肠道传染病，楠木可以治疗这种病症。

另外，宋代医书《小儿卫生总微论方》卷十中记载，楠木皮入药可治疗小儿胃寒；《太平圣惠方》中明确记载，楠木可“治聤耳出脓水”，聤耳是中医病症名，就是现在常说的中耳炎，聤耳出脓水就是我们常说的化脓性中耳炎，也多发于儿童；《普济方》中还记录有利用楠木配药，可“治脚气肿满大效”。

四川农业大学宁莉萍等（2017）研究发现，细叶楠精油作为混合物，对白血病、肺癌、肝癌、乳腺癌、结肠癌等具有显著的抗肿瘤活性。其中，树枝精油对白血病、肺癌、乳腺癌细胞株的活性最好，树干精油对肝癌细胞株的活性最好，树皮精油对结肠癌细胞株的活性最好。

二、实用价值

楠木为高大乔木，树干通直，叶终年不谢，为很好的绿化树种。木材有香气，纹理直而结构细密，不易变形和开裂，为建筑、高级家具等优良木材。

常用于建筑及家具的主要是雅楠和紫楠。前者为常绿大乔木，产于四川雅安、都江堰一带；后者别名金丝楠，产于浙江、安徽、江西及江苏南部。楠木色泽淡雅匀称，伸缩变形小，易加工，耐腐朽，是软性木材中最好的一种。

《博物要览》载：“楠木有三种，一曰香楠，又名紫楠；二曰金丝楠；三曰水楠。南方者多香楠，木微紫而清香，纹美。金丝者出川涧中，木纹有金丝，向明视之，的烁可爱。楠木之至美者，向阳处或结成人物山水之纹。水楠色清而木质甚松，如水杨之类，惟可做桌凳之类。”传说楠木水不能浸，蚁不能穴，南方人多用作棺木或牌匾。宫殿及重要建筑之栋梁必用楠木。

楠木器具除做几案、桌椅之外，主要用作箱柜。楠木木材和枝叶含芳香油，蒸馏可得楠木油，是高级香料。

第二节　我国楠木类种质资源及其保育对策

楠木素有“木中金子”之称，鉴于其巨大的经济价值和广泛的用途，楠木野生资源破坏极其严重，目前已难觅天然楠木林，我国 82 种润楠属植物就有 71 种处于濒危状态，许多楠属植物也成为濒危或渐危树种。因此，保护楠木种质资源已迫在眉睫。弄清我国楠木类种质资源现状及历史演变，科学制定保育策略，不仅对于这类珍贵名木的科学保护及资源可持续利用有重要的理论和现实意义，而且对于研究樟科这类古老植物的起源和演化有重要的学术价值。

一、我国楠木类种质资源分布的历史变迁

我国是世界楠木分布的多样性中心，历史上我国楠木的地理分布远比现在广阔，并且成林面积广。一方面，先秦时期，我国楠木的分布区，主要在北纬 28° 至 35° ，东经 103° 至 121° ，即分布的北界已达秦岭北坡地区和河南南部地区，比现在的分布区靠北 1 个多纬度，四川是我国楠木的历史分布中心。

楠木是典型的成林树种，古往今来备受人们青睐，更是明清两代帝王必用的“皇木”。据不完全统计，从明永乐四年（1406 年）至清道光年间共 430 多年的“木政”活动，单在四川采办“皇木”就多达 53 000 根，其采伐时间之长、规模之浩大、对自然生态环境破坏之严重，可谓空前绝后。另一方面，由于我国历史气候转寒，亚热带北界较春秋战国时期南移了 2 个纬度，因此现今楠木分布区缩小，主要分布于我国长江流域及以南的地区，以云南、四川、湖北、贵州、广西、广东等省为多。

虽然我国历史气候的变迁对长江流域及以南地区的楠木生长发育并不会造成太大的影响，但由于长期的人为破坏，我国南方楠木的分布格局发生了明显的变化，以散生为主，自然界已难觅楠木林。

二、我国楠木类种质资源的研究现状

历史上，楠木为江南四大名木（楠、樟、梓、椆）之冠，人为采伐十分严重，使许多种类成为濒危或渐危种。根据《中国植物红皮书——稀有濒危植物（第一册）》和 1999 年国务院批准公布的《国家重点保护野生植物名录（第一批）》，楠属的楠木（*Phoebe zhennan*）、闽楠（*Phoebe bournei*）、浙江楠（*Phoebe chekiangensis*）等均为渐危种，为国家Ⅱ级保护植物；在我国分布的 82 种润楠属植物中，处于濒危状态的多达 71 种。由此可见，我国楠木类种质资源状况令人甚忧，保护刻不容缓。历史上我国楠木类种质资源长期遭受破坏，难见成林分布，也大大增加了保护工作的难度。要想对楠木类种质资源进行有效的保护，就要对其进行深入研究，了解其习性。

（一）楠木资源的品种分类

楠木中的一些近缘物种，因其木质结构和枝叶形态极其相似，很难从传统的形态特征和木质结构来直接区分，人们习惯将楠属（*Phoebe Nees*）植物统称为楠木。但是广义上的楠木还应包括樟科（*Lauraceae*）的润楠属（*Muchils Nees*）和赛楠属（*Nothuphoebe*）树种。

1.楠属

楠属系樟科植物鳄梨亚族下的一个属，该属植物多为常绿乔木或灌木，不易变形和开裂，约 94 种，主要分布在亚洲及热带美洲。我国有 34 种，3 个变种，主要集中在长江流域及以南地区，其中更有不少种类为我国热带、亚热带森林中的主要建群种。该属植物木材坚实，结构细致，不易变形和开裂，为建筑、家具、船板等优良木材，中外著名的楠木均属于该属。

2.润楠属

据《中国植物志（第三十一卷）》记载，润楠属植物多为常绿乔木或灌木，主要分布于亚洲东南部和东部的热带、亚热带地区，其中以中国西南部及印度为主要产地。按照花被裂片、果实、圆锥花序等基本特征将本属共分为 6 个组和 6 个亚组，在全世界范围内约有 100 余种。我国约有 68 种，3 个变种，主要分布于长江以南的各省区。

该属的植物浑身都具有利用价值，如云南的滇润楠，四川、湖北的宜昌润楠，广东、广西的华润楠、绒毛润楠等树种为贵重家具用材，又可供建筑用；刨花润楠的木材浸水后可产生黏液，用作黏合剂，同时其富含油脂的种子也是制造蜡烛、肥皂和润滑油的良好原料；还有适生于水边河旁，作为河岸防堤树种的柳叶润楠和建润楠，也是该属植物。除此之外，还有不少种类的树皮可作褐色染料，或是薰香的调合剂和饮水的净化剂等，该属植物的枝、叶和果也是提取芳香油和香料的良好材料，以供化妆品的研发和生产。

3.赛楠属

除了著名的楠属植物和功能多样的润楠属植物，还有一种目前人们研究和记载不多的赛楠属植物，同样也是楠木的一种。该属多为灌木或乔木，约 40

种，主产于东南亚及北美洲地区。我国约有3种，主要产于四川、贵州、云南及台湾等地区。

（二）楠木有效化学成分的提取及生物活性

目前所知道的楠木有效化学成分的研究主要以润楠属植物的研究居多，其中又以红楠研究得比较系统。因为其树皮或根皮含有镇痛、消炎、抗菌和抗感染等功效的活性代谢产物，所以多被传统医药用于治疗胃腹胀痛、急性胃肠炎、腹泻、扭挫伤、霍乱等病症。总的来看，润楠属植物的有效化学成分以木脂素类和脂肪酸衍生物类为主，也有少量倍半萜类、烯类、醇类、香豆素类、生物碱类以及黄酮类等化合物成分。

Liu 等（2011）对瑶山润楠的茎枝进行了化学成分提取与分析，鉴定出 2 个结构新颖的葫芦烷三萜生物碱苷 Machilusides A 和 B 以及 2 个新骨架高葫芦烷三萜。该分子骨架结构含有一个 D-果糖结构单元，是一个由 36 个碳原子组成的骨架，更是首次从自然界中分离得到的葫芦烷型三萜生物碱苷。随后，刘波等（2012）对瑶山润楠根的乙醇提取物进行了化学成分的分离及结构鉴定，并成功分离出 15 个已知化合物。程凡等（2012）也以宜昌润楠为对象进行了研究，首次从干燥茎枝 95%乙醇提取物的乙酸乙酯萃取物中分离得到 16 个酚类化合物。

在对楠木化合物医药领域的研究中，程伟等（2012）结合多种分离方法，从信宜润楠的乙醇提物中首次分离得到了包括 8 个丁内酯类衍生物、8 个木脂素类和 5 个萜类共计 21 个化合物，在进一步药理的研究中，发现其提取的化合物 5 对胃癌和卵巢癌病人肿瘤细胞株有选择性抑制活性；化合物 8 和化合物 9 对 PAF（血小板活化因子）刺激的大鼠多形核白细胞 β-葡萄糖苷酸酶释放具有明显抑制作用。戴磊等（2013）通过水蒸气蒸馏法从短序润楠、浙江润楠、红楠以及凤凰润楠 4 种植物的鲜叶中提取精油，利用色谱-质谱联用技术（GC-

MS）分离和鉴定出 108 种挥发性化合物，发现其所研究的 4 种植物精油中均含有香橙烯、δ-杜松烯、蓝桉醇、α-古芸烯、α-葎草烯、芳樟醇、匙叶桉油烯醇和反式石竹烯等成分，其中芳樟醇、匙叶桉油烯醇还具有较高的药用价值。Lee 等（2004）从红楠茎枝的二氯甲烷萃取部位中分离得到 13 个化合物，在体外都表现出对磷脂酶 Cγ1 的抑制活性，进一步研究表明这种作用与抑制人肿瘤细胞株的增殖有关，为良好的抗肿瘤机制提供了依据。Li 等（2011）也利用多种色谱学手段以及波谱学方法从粗壮润楠树皮中获取了乙醇提取物，并对其乙酸乙酯部分进行了分离，对得到的 16 种新化合物结构鉴定进行了研究，发现化合物 1 和 2 对主要引发艾滋病感染的 HIV-1 病毒的体外复制具有抑制作用，化合物 6、8、9 在一定浓度下可以减小 DL-半乳糖胺所诱导的肝细胞损伤等。随后，卜鹏滨等（2013）又分离得到了包括 4 个木脂素苷和 14 个木脂素苷元在内的 18 种已知木脂素类化合物，进行活性筛选时发现，在 10 μmol/L 时，化合物 17 对小鼠腹腔巨噬细胞分泌 NO 具有较强的抑制活性，其抑制率为 72.2%。除此之外，人们在对润楠属植物的次级代谢产物进行研究时还发现，其具有一定的神经保护活性、抗骨质疏松活性、抗致突变性活性、抗紫外线活性、抗炎活性以及昆虫生长抑制活性等。

目前，对楠属植物的研究中，胡文杰等采用水蒸气蒸馏法提取闽楠果皮挥发油，并用气相色谱-质谱联用技术对其果皮挥发油的化学成分进行分离鉴定，从检出的 87 种成分中鉴定出 55 种化合物，也为进一步开发利用闽楠提供了一定的参考依据。

（三）分子水平的楠木多样性研究

分子标记技术是遗传多样性研究的一种重要手段，它包括 SSR（简单重复序列）、ISSR（简单重复序列区间）、AFLP（扩增片段长度多态性）及 RAPD（随机扩增多态性 DNA）等方法。利用该技术对不同属的楠木进行遗传多样性方面的研究，可以更好地为保护种质资源、鉴定种属特异性提供依据。

温强等（2005）先以闽楠叶片提取的基因组为材料，研究了 DNA 的提取方法以及 RAPD 的反应条件。张炜等（2011）分别以桢楠的新鲜叶片和硅胶干燥叶片为材料，研究了 DNA 的提取方法，优化了桢楠 RAPD 的最佳反应体系，并发现硅胶保存的样品完全可以得到与传统的新鲜叶片同样的 PCR（聚合酶链式反应）扩增结果，为今后进行楠木分子研究时的采样保存提供了依据。田晓俊等（2009）分别以闽楠和红楠总基因组 DNA 为模板，建立了适合于闽楠、红楠 AFLP 分析的最佳反应体系。周生财等（2013）则以浙江楠、紫楠、桢楠和闽楠 4 种楠木属植物为材料，对 AFLP 反应体系的各个关键因素进行优化，建立了稳定的 AFLP 分析体系，为研究楠木遗传多样性、亲缘关系、遗传分化，以及种源区划、种质资源保存和遗传育种改良提供了技术支撑。在 ISSR-PCR 体系的建立中，姜荣波等（2011）首先采用单因子试验和正交试验设计对红楠 ISSR-PCR 反应体系进行了优化，为利用 ISSR 分子标记技术研究润楠的遗传多样性奠定了良好的基础。刘玉香等（2013）则以润楠幼嫩叶片提取的全基因组 DNA 为材料，利用单因素试验设计方法，对影响 ISSR-PCR 扩增的模板 DNA、Mg^{2+}、dNTPs、引物、DNA 聚合酶以及去离子甲酰胺等试验因子进行了优化，为今后对润楠属植物进行遗传多样性分析、遗传图谱构建以及种质资源鉴定等研究奠定了基础。

（四）楠木的栽培与管理

在楠木的育种方面，李冬林等（2003）详细介绍了浙江楠的引种栽培技术。徐奎源等也对红楠、刨花楠、华东楠（薄叶润楠）及紫楠等树种的采种及贮藏、育苗、大苗培育等育苗栽培技术进行了研究。杨海东等（2011）针对华润楠，从种子的采集、处理到幼苗的培育，从移苗分床到病虫害防治等种子育苗技术的全过程展开了系统的介绍，并又选择了不同的插穗类型，在不同的季节进行了华润楠扦插育苗试验，确定了最适宜的扦插组合，为快速、高效地培育华润楠苗木提供了技术支持。朱雁（2010）对楠木的容器芽苗移栽技术进行初步研究，得到了较直播苗更好的苗木质量。

在闽楠嫩枝打插繁殖技术的研究方面，王东光（2013）也做了比较详细的说明，他从 6 个方面筛选出了闽楠嫩枝扦插生根的最佳基质、最适温度、最佳生长素种类与浓度、最佳插穗季节以及插穗的最佳留叶方式，同时发现插穗内适宜含量的可溶性糖、淀粉及可溶性蛋白更有利于不定根的形成和发育。

在楠木的生长生理方面，胡婧楠等（2010）比较了桢楠和华东楠幼树的光合生理特性，从叶绿素的角度初步对它们的耐阴性进行了比较，发现华东楠利用弱光的能力强于桢楠，具有更好的耐阴性，从而为在植物配置和园林绿化中合理利用这两种树提供了依据。与此同时，吴载璋等（2004）则从光照对楠木人工林生长的影响方面进行研究，认为楠木幼树能耐一定的荫蔽，能在林冠下生长，但随着年龄的增长，楠木的需光量逐渐增强，而成林则需要全光照，从而纠正了人们长期以来对楠木人工造林认识上的偏差。

在造林选址等管理方面，陈淑容（2010）研究了坡位、坡度和坡向对楠木造林的影响，认为坡位对楠木生长影响最大，其次为坡度，坡向影响最小。彭龙福（2008）对不同林分密度楠木人工林的生物量进行了研究，得出密度对楠木人工林会产生较大影响的结论。饶金才（2014）、龙汉利（2011）等针对所任地区的特点，分别研究了当地适宜楠木的混交林造林方式。以上研究为人工栽培楠木资源奠定了坚实的基础。

三、我国楠木类植物濒危原因探析

（一）外部因素

影响物种濒危的外部因素主要有自然因素和人为因素。自然因素主要包括自然气候变迁、自然灾害，人为因素主要指采伐、放牧、开垦等。从我国楠木种质资源分布的历史变迁来看，虽然我国自然历史的气候变寒使我国现代楠木种质资源分布区较先秦时期南移 1 个多纬度，但并不会对我国长江流域及其以南地区的楠木正常生长发育造成影响，因此自然因素并不是影响我国楠木类植物濒危的主要原因。相较而言，历史上对楠木资源无节制地采伐，特别是明清两代长达 430 年之久的“木政”活动，才是我国现今楠木资源濒危的主要原因。史料记载，明永乐四年仅在四川通江白崖场采办的楠木就达 600 m^3，到清康熙时，即使在我国楠木资源集中分布的四川境内，也难觅楠木，楠木资源近乎枯竭。明清两代的“木政”活动，无疑是历史上对我国楠木资源最严重的摧残，直接影响我国现今楠木类树种的分布格局。自然界楠木从成林分布转为散生，生境的片断化程度加剧，使现今我国大多数楠木类种质资源沦为濒危或渐危种。

（二）内部因素

影响物种濒危的内部因素包括物种本身的生殖行为、传粉式样、生殖力、后代的生活力等，同时还包括物种的自然居群结构，如居群的大小、居群内个体的年龄结构、性别比例和居群内（间）物种的遗传多样性等。从楠木的繁育生物学特征来看，一方面，楠木类植物主要以种子进行繁殖和再生，但楠木类（樟科）植物的果实为核果，肉质的中果皮落地后极易腐烂，能进一步引起种子霉烂，加上种子本身具有生理性休眠和寿命短等特点，使楠木类植物繁殖率低下，自然更新困难；另一方面，楠木类植物幼苗、小树生长缓慢，许多种童期可长达 30 年，50～60 年才进入生长旺盛期，自然更新周期长，虽然闽楠等濒危种可通过萌蘖繁殖进行天然更新，但更新能力较弱，种群净生殖率低。从种子的萌发特性来看，如闽楠种子寿命较短，在次年 4 月初开始萌发，7 月之后地面种子即丧失活力，而且对发芽条件要求严格，只有在光照下 30～35℃恒温和 30℃（日）/20℃（夜）变温较窄的温度范围内才能萌发，并且发芽迟缓、过程长、萌发率低。红楠需在含水量 40%以上才能保持较高的发芽活性，而且自然状态下幼苗存留率高低与地被植物或枯落物的多少密切相关，地被植物或枯落物多的地方，红楠幼苗损失率高达 71%。

从居群结构来看，目前楠木类植物多在以壳斗科植物为建群种的天然常绿阔叶林中作伴生树种，呈零星分布。这种散生的分布格局是否会导致楠木类植物的遗传多样性丧失和居群间遗传分化加剧，进而导致楠木类植物濒危，仍需进一步研究。但从楠木类植物的传粉生物学特征来看，这种分布格局仍会影响居群间或个体间的传粉效率，进而降低居群的遗传多样性。楠木类植物花两性、多聚成聚伞状圆锥花序或近总状花序，有腺体、具芳香，其花部结构和小花排列方式均有利于吸引传粉昆虫，提高传粉效率，但其花粉的传播距离受昆虫活动范围的影响，在小居群或个体间隔较远的情况下，会大大降低昆虫的访花频率，使传粉过程受到阻碍。楠木个体往往会通过自交或小居间内植株间杂交来繁衍后代，这在一定程度上会降低后代的竞争力和对环境的适应性。

四、我国楠木类种质资源的保育对策

物种的濒危是其内在因素和外部生态环境因素共同作用的结果。从我国楠木类种质资源分布的历史变迁和现状来看，人为的采伐导致的生境破坏，是我国绝大多数楠木类植物濒危的主要外部因素；其濒危的主要内在因素则是繁殖能力和自然更新效率低下，种群复壮困难。因此，复壮我国野生楠木种群、保护楠木类种质资源最主要的途径是预防人为破坏，提高植物的繁殖能力。

预防人为破坏主要采取以防为主、防治结合的措施。一方面，对近年林业勘查发现的楠木相对集中分布的天然楠木林，要建立楠木自然保护区，实施就地保护；要进一步完善楠木保护的相关法律法规，设立楠木保护专项资金，健全楠木保护管理和监督体系，提高管理人员的专业素质，并在楠木集中分布区广泛开展宣传教育工作，使当地人民群众认识到保护楠木种质资源的必要性和重要性，防止这些天然楠木林遭受破坏。另一方面，对历史上已被人为破坏的楠木天然分布区，要结合生殖生物学、居群遗传学、保育遗传学、种群生态学、分子生物学等学科的理论和方法，对已被破坏的楠木散生林采取人工辅助种群复壮措施。

生殖是生物繁衍后代、延续种族最重要的行为。生殖的成败直接决定一个物种在自然界的最终命运——繁盛、衰败或走向灭绝。要保护楠木种质资源，首要任务是提高其繁殖能力。从繁殖的角度来看，种子植物有性生殖过程大致可分为 4 个阶段：雌雄配子发育、传粉与受精、胚发育和果实（种子）成熟、成熟种子散布与萌发。虽然前人对楠木类少数树种的大孢子发生、雌配子体发育及胚乳和胚胎的形成过程，以及种子的散布与萌发习性有相关的研究，但由于楠木类植物树形高大、花小、野外取样困难等，现在人们对楠木类植物生殖发育的整个过程仍缺乏系统的认识。因此，弄清其生殖过程，寻找生殖过程中导致楠木类植物濒危的关键环节和因素，才是提高楠木类植物繁殖能力的前提和基础。

为此，应在适宜楠木类植物生长的地区，建立楠木种质资源园，实施楠木种质资源迁地保护，这样一方面有利于濒危楠木类植物种质资源的保存，另一方面可以克服野外取样困难等缺点，方便系统开展楠木生殖生物学方面的相关研究，为楠木天然种群的复壮提供理论基础和技术支持。

第二章　楠木高效培育与人工林建设

随着我国经济的发展和人民生活水平的提高，人们对各种优质材料的需求也在增加，尤其是对楠木等上等木材的需求不断增加。在近十几年里，我国对园林绿化的重视程度不断提高，楠木越来越多地被应用于园林绿化中。另外，优质楠木也是家居建材的一种，因此市场上对楠木的需求大增，有时甚至出现供不应求的情况。所以，楠木的高效培育以及人工林建设应该得到重视。

第一节　楠木种子休眠与萌发特性

为了解决育苗过程中楠木种子的休眠问题，笔者对楠木种子的休眠和萌发特性进行了研究。结果表明，楠木种子的发芽抑制物质主要存在于除外种皮以外的其余部分，层积将使种子中的发芽抑制物质含量逐渐降低，抑制作用减弱；常温层积效果更明显，常温层积 90 d 能完全解除楠木种子的休眠，发芽率可超过 80%；恒温 25℃和变温 30℃（日）/15℃（夜），萌发速度最快，发芽势和发芽率分别可超过 45.5%和 85.0%。

一、材料与方法

（一）供试的楠木种子

新鲜楠木果采回后，放清水中浸泡脱去果皮，种子捞出放在通风阴凉的地方晾干表面水分，然后做发芽试验或将种子进行贮藏。

（二）发芽测定

用生化培养箱进行发芽试验，生化培养箱的型号为SPX-250B。分别以去皮种子和完整种子作试材，每次处理 25 颗种子，重复 4 次。温度控制在（30±1）℃，相对湿度95%～100%。

（三）种皮透水透气性试验

将新鲜种子的外皮除去，以完整种子作对照，以静置法测其呼吸强度，以重量法测其含水量变化，通过这些变化来评估种皮的透水透气性能。

（四）生物鉴定

将楠木种子外种皮和其余部分分开，在5℃条件下，按1 g/20 ml水进行浸提，浸提24 h，浸提的种子分别为新鲜种子、低温层积90 d的种子和常温层积 90 d 的种子，用这些浸提液进行白菜种子发芽测定，发芽条件为温度25℃，黑暗。每处理50颗白菜种子，4次重复，24 h后测定发芽率，48 h后测定胚根长度。

（五）层积处理

低温层积：将楠木种子与湿的清水沙按 1∶3 的比例混合，在（3±1）℃

的温度下层积。

常温层积：将楠木种子与湿的清水沙按 1∶3 的比例混合，在（10±1）℃的温度下层积。

（六）赤霉素溶液处理

分别用质量分数（μg/g）为 0、100、300、500、1 000、1 200、1 500、2 000 共 8 个浓度的溶液处理新鲜楠木种子、低温层积 60 d 的种子、低温层积 90 d 的种子、常温层积 60 d 的种子和常温层积 90 d 的种子，处理 24 h 后于生化培养箱中进行发芽试验。

（七）温度试验

解除了生理休眠的种子，有其最合适的萌发温度。分别在 15℃、20℃、25℃、30℃、35℃恒温和 25℃（日）/15℃（夜）、30C（日）/15℃（夜）、30℃（日）/20℃（夜）变温共 8 个温度下进行萌发试验。

二、结果与分析

（一）楠木种子的休眠特性

将新鲜的楠木种子和除去外种皮的楠木种子分别置于生化培养箱中进行发芽试验，温度为（30±1）℃，分别给予不同的光照强度和不同的光周期处理，培养 40 d，无论是去皮种子还是带皮的完整种子均不能萌发，说明新鲜的楠木种子具有休眠特性，且休眠的原因与种皮没有太大的关系。

（二）楠木种子种皮的透水透气性

任何活的生命个体的生存都必须获得进行生理代谢的能量，这种能量的来源依赖于呼吸作用，O_2是有氧呼吸的主要物质，许多生理生化过程都必须有水的参与。楠木种子种皮的透水透气性将直接影响种子萌发过程的能量代谢。

表 2-1 显示的是新鲜完整的楠木种子和除去外种皮的楠木种子在 25℃时呼吸强度的变化。从表中可以看出，在 1 d 的检测过程中，所有种子的呼吸强度不高，只有 12.1～13.3 mg CO_2/kg·h，且没有明显的变化，去皮种子的呼吸强度略高于完整种子，方差分析显示它们并不存在明显差异（P＜0.05）。这些说明新鲜楠木种子的生理代谢活动并不旺盛，革质的外种皮对 O_2 的阻隔作用不明显，不影响 O_2 的透过。由此可知，种皮透气性不是引起种子休眠的原因。

表 2-1　楠木种子在 25℃时的呼吸强度

单位：mg CO_2/kg·h

种子	时间						
	0 h	4 h	8 h	12 h	16 h	20 h	24 h
完整种子	12.4	12.6	12.5	12.1	12.7	12.6	12.8
去皮种子	13.1	13.2	12.9	12.8	13.1	12.8	13.3

表 2-2 显示的是新鲜完整的楠木种子和除去外种皮的楠木种子在 25℃时浸在水中的重量（吸水量）的变化。从表中可以看出，在开始阶段，所有种子的重量都在增加，但随着时间的延长，增加的量逐渐减少，去皮种子从 20 h 开始重量就不再变化，而完整种子从 16 h 开始重量不再增加，说明它们的含水量分别在 20 h 和 16 h 达到了平衡，在整个过程中，去皮种子的吸水速度比完整种子略快些。表 2-2 也显示，楠木种子的吸水量增加不多，这是因为新鲜的楠木种子本身的含水量比较高，因此很快就达到了平衡。由此可知，种皮的透水性也不是引起休眠的原因。

表 2-2　楠木种子在 25℃时的重量变化（吸水量）

单位：g

种子	时间						
	0 h	4 h	8 h	12 h	16 h	20 h	24 h
完整种子	10.0	10.4	10.6	10.8	10.9	10.9	10.9
去皮种子	10.0	10.5	10.9	11.1	11.0	11.1	11.1

（三）生物鉴定

据研究，种子中的很大一部分发芽抑制物质是一些简单的小分子有机物质，其中有一部分是水溶性的。将新采集的楠木种子、低温层积 90 d 和常温层积 90 d 的楠木种子的外种皮及其余部分在水浸提液中进行白菜种子发芽测定，以清水作对照，结果见表 2-3。从表中可以看出，无论是新鲜种子，还是经过层积 90 d 的种子，它们的外种皮的浸提液对白菜种子的发芽都没有明显的抑制作用；而种子其余部分的浸提液对白菜种子的发芽抑制作用明显，新鲜种子其余部分的浸提液对白菜种子的发芽抑制作用最强，低温层积次之，常温层积其余部分的浸提液对白菜种子的发芽抑制作用最弱。

表 2-3　楠木种子水浸提液对白菜种子发芽的影响

测定项目	对照	新鲜种子		低温层积种子		常温层积种子	
		外种皮	其余部分	外种皮	其余部分	外种皮	其余部分
发芽率（%）	94.3	93.6	43.1	92.8	72.5	93.9	91.3
胚根长（mm）	24.6	23.3	12.3	24.5	17.5	24.8	23.2

（四）赤霉素溶液处理对楠木种子萌发的影响

赤霉素是一种植物激素，通常情况下，它对许多具有休眠特性的种子的萌发有促进作用，也有一些研究认为，赤霉素对某些种子萌发的作用不大。表 2-4 显示的是不同浓度的赤霉素溶液处理对楠木种子萌发的影响。从表中可以看出，赤霉素溶液处理对新鲜的楠木种子没有作用；低温层积 60 d 和 90 d 及常温层积 60 d 的楠木种子，随着赤霉素溶液浓度的增加，发芽率有相应提高，当赤霉素溶液浓度超过 1 000 μg/g 时，发芽率的增加不明显，常温层积 90 d 的楠木种子，其休眠作用已解除，赤霉素溶液处理对促进萌发没有影响。表 2-4 也显示，常温层积比低温层积的效果好，能更快、更好地解除楠木种子的休眠，促进其更快萌发。

表 2-4　赤霉素溶液处理与楠木种子萌发

种子	赤霉素溶液浓度（μg/g）							
	0	100	300	500	1 000	1 200	1 500	2 000
新鲜	0	0	0	0	0	0	0	0
低温层积 60 d	2.5%	3.3%	6.5%	8.5%	13.0%	12.5%	13.5%	12.5%
常温层积 60 d	22.5%	26.5%	31.5%	43.5%	53.0%	53.5%	51.0%	52.5%
低温层积 90 d	16.5%	19.5%	25.5%	32.5%	42.0%	43.5%	40.5%	41.5%
常温层积 90 d	83.0%	81.5%	82.5%	80.0%	84.5%	83.0%	83.5%	82.5%

（五）温度对楠木种子萌发的影响

温度不仅影响生命个体的代谢强度和生理生化过程，也影响种子的萌发特性和过程。表 2-5 显示的是温度对楠木种子萌发过程的影响，从中可以看出，在恒温状态下，楠木种子随着温度的增加，萌发速度加快，到 25℃，萌发速度最快，发芽势和发芽率分别为 45.5%和 85.0%，随后萌发速度逐渐降低；在变温状态下，以 30℃（日）/15℃（夜）的温度组合的萌发效果最好，发芽势和发芽率分别为 46.5%和 86.5%。从表中也可以看出，15℃和 35℃恒温状态下楠木种子的发芽率和发芽势比较低，其他温度下，楠木种子的发芽率和发芽势虽有差异，但差异不是十分明显。

表 2-5　温度与楠木种子萌发

温度	开始发芽天数（d）	发芽势		发芽率	
		（d）	（%）	（d）	（%）
15℃	10	18	37.5	23	75.5
20℃	9	16	40.0	23	82.0
25℃	7	13	45.5	21	85.0
30℃	7	13	38.5	22	80.2
35℃	7	14	31.5	19	73.0
25℃（日）/15℃（夜）	9	15	42.5	23	83.5
30℃（日）/15℃（夜）	7	13	46.5	21	86.5
30（日）/20（夜）	7	14	41.0	22	81.5

三、结论

第一，新采的楠木种子具有休眠特性，完全不能萌发，除去外种皮和用赤霉素处理也不能促进其萌发。

第二，楠木种子的革质外种皮对 O_2 和水的阻隔作用不大，不影响种子的呼吸作用和水分吸收。外种皮也不含发芽抑制物质，发芽抑制物质主要存在于除外种皮以外的其余部分。层积将使种子中的发芽抑制物质含量逐渐降低，抑制作用减弱，常温层积效果更明显。

第三，层积能逐步解除楠木种子的休眠，常温层积比低温层积的效果好。种子层积 60 d 后，赤霉素溶液能促进萌发，作用浓度以 1 000 μg/g 效果最好，常温层积 90 d 能完全解除楠木种子的休眠，发芽率可超过 80%。

第四，温度对楠木种子的萌发有影响。在恒温 25℃时萌发速度最快，发芽势和发芽率分别为 45.5%和 85.0%；在变温状态下以 30℃（日）/15℃（夜）的温度组合的萌发效果最好，发芽势和发芽率分别为 46.5%和 86.5%。

第二节　楠木育苗技术研究进展

培育良种壮苗是保障楠木栽培造林质量，提高林分经济价值与生态价值的重要前提。目前，楠木人工造林面积不断扩大，对苗木数量与质量要求越来越高，学界虽有一些关于楠木育苗技术方面的研究，但比较零散，还不完善。因此，本节从楠木播种育苗、无性繁殖、苗木栽培逆境等方面综述了当前楠木研究的基本情况，以期为今后的科学研究与生产实践提供参考。

一、播种育苗技术研究

（一）种子形态与采集

已有研究表明，楠木的种子千粒重大约在 280～350 g。种子的纵横径越大，千粒重越大。张建等（2016）利用光学显微镜对 5 种楠属植物种子的形态进行观察，发现 5 种楠属种子的种脐形状、大小具有一定差异，如小叶楠和白楠种脐呈圆锥状突起；紫楠种脐如火山口，外缘突起，内部凹陷；湘楠种脐稍下陷，近圆形，具有较多小瘤状突起；浙江楠种脐有一大一小两个突起。

种子采集是播种育苗的第一步，采种时间与采种方式将直接影响种子的活力与苗木质量。研究表明，楠木采种时，应选择生长健壮、树形丰满、无病虫害，且具有优良性状的壮年树为采种母树。种子采集的时间随树种不同而有所差异。一般认为，当果皮由青绿色转为蓝黑色，果皮软化时，应立即采种。若采集未成熟的种子，则会影响种子的发芽率与保存时间。

研究认为，刨花楠、红楠和华润楠应于 6 月进行采种，华东楠的采种期为 7 月上旬，紫楠为 9 月下旬，而浙江楠则为 10 月至 11 月。目前主要有两种采种方式，一种是在树冠下用布或薄膜铺垫，用竹竿轻打树冠中上部的果实，使其自然落下；另一种是待自然成熟的楠木果实脱落，立即收集备用。

（二）种子处理与贮藏

大量研究表明，种子处理与贮藏方式对其活力的保持具有重要影响。楠木为核果，果实采收后，应首先用清水浸泡（约 24 h），去除外种皮，然后用清水洗净，选出饱满的种子，自然阴干。

楠木种子的含水量较高，其活力难以长期保持，因此种子宜随采随播或于次年春播。例如，新鲜采集的华润楠种子随采随播时发芽率超过 90%。进行短期贮藏时，湿藏法比干藏法更易于保持种子的活力，但时间不宜超过 3 个月，否则会影响发芽率。例如，曹健等（2019）将初始发芽率为 79.5%的桢楠种子（含水量 27.33%）分别置于不同的温度条件下进行干藏，发现贮藏至 60 d 时，25℃、4℃、－20℃和－70℃条件下种子的发芽率已经分别降至 17.5%、20%、0 和 0；贮藏至 180 d 时，4 个温度条件下的发芽率已经全部降至 0。李铁华等（2008）采用常温湿藏法进行楠木种子贮藏，至 90 d 时发芽率仍然可超过 80%。湿藏时，一般将种子与湿沙分层堆积（1∶3），干燥时及时喷水以保持种子的湿润。沙子含水量高低是贮藏成败的关键，一般饱和含水量的 60%比较适宜楠木种子的贮藏。按照这种方法处理的种子，一般到次年 3 月中旬即可取出播种。

（三）种子催芽

楠木种子萌发速度较慢，播种之前应进行催芽处理，以提高发芽率。目前，催芽方法包括去皮处理、温水浸泡处理、不同温度层积处理、激素处理等，具体操作方法与催芽效果如表 2-6 所示。

表 2-6　楠木种子催芽的处理方法

催芽方法	操作方法与催芽效果
去皮处理	种子去皮处理可以打破休眠，提前 1 个月发芽
温水浸泡	种子用约 40℃温水加入敌百虫农药浸泡 6 h 后，再用多菌灵拌匀，此法可提高发芽率；或用 35℃温水浸泡 24 h 后，种在半沙半土基质中发芽率相对较高
温度处理	常温层积 9 d 能够完全解除种子的休眠，发芽率可超过 80%；恒温 25℃和变温 30℃（日）/15℃（夜）处理的种子萌发速度最快，发芽势和发芽率分别达到 45.5%和 85.0%
激素处理	24℃条件下，用 900 mg/L 赤霉素溶液浸泡层积 50 d 时，发芽率高达 92%

（四）播种

楠木一般在 3 月上中旬播种。播种前 1 个月左右进行种子催芽，待发芽率达到 50%时即可播种。

楠木播种一般采用点播、条播和撒播。点播多为容器育苗，将开口露出根尖的种子点播到育苗容器中，播种量 10～15 kg/667 m^2，2 粒种子/穴，覆土或谷皮厚度 1～2 cm，轻压后覆盖小拱棚薄膜，以保持土壤湿润。将播种好的营养钵整齐摆放于大棚中，营养钵下垫无纺布，避免根系穿透容器，长入土地，进而影响根系生长。

条播和撒播多用于大田育苗。陈淑容（2011）比较了撒播和条播对楠木出苗率的影响，发现不同播种方式对出苗率有一定影响，条播的出苗率为 69.1%，而撒播的出苗率为 66.8%。

进行大田育苗时，播种密度十分重要，因为播种密度与苗木的生长量和合格苗率有密切的关联。钟灼坤（2016）研究发现，株行距为 10 cm×10 cm 时，苗木生长质量最佳，株行距为 6 cm×6 cm、8 cm×8 cm 时，苗木由于生长营养空间不足，易出现压苗现象，合格苗率较低。曾武等（2015）认为，由于桢楠种子一粒多胚，撒播密度以每粒种子相距约 5 cm 为宜。

进行容器育苗时，播种容器与栽培基质是影响种子发芽率与苗木质量的关键因素。目前，播种容器以轻基质无纺布和聚乙烯塑料杯为主。不同的容器规格会导致苗木形状存在差异，其中浙江楠育苗容器以 10 cm×20 cm 的规格较优。许晶等（2017）比较了河沙、半沙半土和混合土壤作为楠木播种基质的育苗效果，发现半沙半土的发芽率最高，达到 85.00%，河沙的次之，为 77.33%，混合土壤的最低，为 69.67%。李珍（2012）以锯末、枯枝落叶、药渣 3 种农林废弃物为原料，结合泥炭、珍珠岩、蛭石 3 种常用基质，按不同体积配比配制成 9 种基质，发现泥炭：珍珠岩：锯末：枯枝落叶＝2：2：4：2 为紫楠容器苗培育最佳基质配比，而泥炭：珍珠岩：锯末：枯枝落叶＝3：3：3：1 为浙江楠容器苗培育最佳基质配比。

（五）种子的多胚现象

多胚现象是指在种子发育过程中或在成熟种子中出现两个或两个以上胚的现象。楠木种子普遍存在多胚现象。余道平等（2015）发现桢楠种子的多胚率约 12.4%，多胚形态和着生位置各异，再生植株的生长发育特点也不相同，且多胚苗体细胞染色体数目为 2n＝24，未发现染色体数目变异。宋光满（2016）认为，楠木种子的大小与多胚率有一定的相关性，多胚率随种子的增大而提高，其中双胚率最高，四胚率最低。不同胚性幼苗的生长状况亦存在差异，总体上单胚苗优于多胚苗，而多胚苗的大苗优于小苗。多胚大苗发育正常，生长状况较好，而小苗植株长势比较弱，易出现萎蔫、死亡现象。因此，选择多胚苗时，优选双胚大苗和三胚大苗。

（六）苗圃地选择与苗床设置

进行大田育苗时，苗圃地应选择地势平坦、光照充足、通风良好、水源充足、土层疏松深厚、pH 值为 5～6 的沙壤土或轻黏土。不同楠木幼苗的生物学特性不同，选择圃地时亦有所区别。例如，红楠幼苗喜阴湿，应选在日照时间短、光照较弱的地方；浙江楠由于耐寒性较差，宜设置在背风向阳的地方。苗圃地选好后即可设置播床。播床一般设置为高约 10～20 cm，宽约 1.0～1.2 m 的高床，长度按实际播种量与播种面积而定，同时安装灌溉设施，四周开排水沟，防止积水。

（七）播种苗管理

播种苗管理主要包括遮阴、间苗、补苗、中耕除草、水肥管理、病虫害防治，以及幼苗的越冬保温等。容器苗与大田苗的苗期管理有所不同。

1.大田苗的苗期管理

遮阴是楠木苗期管理的关键措施之一。高温条件下，需适度遮阴以保证苗木正常生长，但遮阴时间宜短，否则将影响苗木的生长。吴际友等（2014）发现，遮光度为 70%时，1 年生闽楠苗木的保存率最高，达 83.9%，全光照仅为 42.2%，而在 60%遮光度下，闽楠整体育苗效果最佳。然而，薛黎等（2019）认为，闽楠 2 年生幼苗的根、茎、叶和总生物量均在全光照下最大，遮阴抑制了植株生物量的积累。产生这一差异的原因可能是苗龄不同，对光照的需求也不同。此外，不同的楠木种类对遮阴的要求亦有所不同。例如，浙江楠苗期遮阴网的遮光度以 40%～50%为宜，而桢楠的遮光度一般为 60%～75%。

科学的水肥管理对楠木苗木的生长发育具有积极的促进作用。高温干旱季节应于早晚进行浇灌，以浸灌为宜。雨季应及时清沟排水，保证圃地无积水。施肥因树种、土壤条件及季节等的不同而存在较大差异，但目前普遍认为在苗期进行叶面施肥对于苗木生长十分重要。例如，胡兰芳（2017）认为，应从 6 月开始对桢楠叶面喷施 GGR（绿色植物生长调节剂）液，每 7 d 喷 1 次，连喷 3 次可取得较好的效果。曾武等（2015）亦认为，应在桢楠苗期时每 30 d 施 1 次水肥，初期以有机肥为主，之后逐渐增施复合肥。姜思明（2015）认为，桢楠在幼苗长出 3～5 片真叶时，应每隔 7 d 用 0.2%～0.3%的尿素进行叶面施肥，连续喷 3 次；幼苗高 5～10 cm 时结合浇水施复合肥（45 kg/hm^2）；9 月后适量施用钾肥，以提高苗木质量。对于浙江楠，由于其速生期可持续到 10 月下旬，因此一般于 6～7 月施 1 次尿素、硝化铵等无机肥，或施复合肥和有机肥；9 月后停止施肥，防止因木质化程度过低而发生冻害。

苗期应及时关注幼苗生长情况，按照“间小留大、间劣留优、间密留稀”的原则，及时进行间苗和补苗，并确保苗木单一主干。一般幼苗长出 2 片真叶时可进行第一次间苗，当叶面重叠时进行第二次间苗，间苗同时进行补苗，补苗越早越好。

楠木幼苗抗寒性较弱，冬季进行防寒管理对于苗木安全越冬十分重要。目前，一般在冬季采用覆盖透光薄膜，或在寒潮来临前对苗木盖草、搭设防风障等措施进行保温防寒，也可在秋季施用草木灰或低浓度的磷酸二氢钾进行叶面追肥，以提高苗木木质化程度，增强其抗寒能力。

2.容器苗的苗期管理

播种后，封闭大棚以保温保湿，一般 20～30 d 开始出苗，当多数种苗出土后，即可揭开薄膜。大棚内温度保持在 28～30℃为宜，随着光照强度的增加，大棚内需加盖遮阳网。不同树种遮光率有所不同。例如，代大川等（2020）、曾武等（2016）研究发现，桢楠幼苗对弱光环境的适应性较强，最适遮光率为 50%。对于红楠和闽楠，遮光率则以 40%为宜。待幼苗出土后 15～30 d，应及时进行间苗、补苗和松土除草，每个容器保留 1 株壮苗。

水肥管理是容器育苗的核心内容之一。科学合理的水肥管理对于促进苗木生长，提高抗逆性具有重要作用。楠木苗木生长期较喜水，应保持基质湿润但不积水，一般根据天气状况、生长环境等因素进行调节。在速生期适当减少浇水次数（浇则浇透），可以促进根系生长和根茎增粗；生长后期应逐渐减少浇水，以促进苗木木质化，提高抗寒性。在施肥管理方面，容器苗宜采用指数追肥法。大量研究表明，速生期施用氮肥可有效促进楠木幼苗的生长；中期则施用平衡肥，9 月上旬可适当施磷肥、钾肥；9 月后停止施肥，同时控制水分，促进苗木木质化。例如，李因刚等（2016）认为 1 年生浙江楠苗木，施氮肥总量以 200 mg/株为好。罗杰等（2017）认为，施氮量 607～883 mg/株对桢楠 1 年生幼苗生长的促进效果较好，肥料种类以鸭粪效果最优。贺维（2015）发现，0.6 g/株有机肥可明显促进桢楠 1 年生幼苗生长，施肥一年后生长量可达不施肥（CK）的 2 倍。对于闽楠，1 年生苗施氮量则以 4～5 g/株为宜，并配以 2.1 g 磷肥和 0.8 g 钾肥。黄锦荣等（2013）在红楠的生长期采用复合肥（N∶P∶K＝20∶10∶15）与尿素以 4∶1 混合，或用腐熟的有机肥 5～10 g/L 的水溶液淋施，也取得了较好的效果。缓释肥是容器育苗中常用的肥料种类，可有效保障苗木的持续、稳定生长。浙江楠生长需高氮缓释肥（N∶P＝1.75∶1），在较高的缓释肥加载量（3.5 kg/m^3）下苗木生长及积累量达到最佳。此外，根外追肥对于楠木容器苗的生长与抗逆性亦十分重要，一般施用质量浓度为 0.1%～0.2%，遵循“量小次多”的原则。例如，朱雁等（2014）研究发现，在 6～9 月，每 10 d 对桢楠幼苗喷施 1 次质量浓度为 0.1%～0.2%的尿素，可促进幼苗生长。

二、无性繁殖研究

当前，楠木无性繁殖方法主要有扦插和组织培养。

（一）扦插育苗

目前，关于楠木扦插繁殖的研究相对较少，主要集中在闽楠，以嫩枝扦插为主。研究显示，不同的穗条类型、扦插基质、生根剂种类与处理方式，对插穗的生根率有较大影响，具体见表 2-7。申展等（2013）以闽楠当年实生苗茎段为插穗，采用 200 mg/L 的 ABT-1#溶液浸泡 9 h，扦插后 60 d 生根率达到 93.3%，而清水处理的插穗生根率仅为 10%。由此可见，楠木自身扦插难以生根，采用生根剂处理对其生根具有较大的促进作用。

表 2-7　楠木扦插繁殖的方法

插穗	处理方法	扦插基质	生根率	参考文献
闽楠半木质化嫩枝	用 100 mg/L 的 GGR 生根剂处理 5 min 后扦插	黄心土	91.8%	谢庆宏等（2013）
闽楠半木质化嫩枝	用 150 mg/L ABT-1#浸泡 6 h 插穗后扦插	红壤土	67.4%	罗春平等（2015）
闽楠 1a 生枝条	用 800 mg/L ABT-6#生根粉速沾后扦插	砻糠灰	89.6%	苏村水（2011）
闽楠 1a 生枝条	用 200 mg/L ABT-1#溶液浸泡 9 h 后扦插	细河沙	93.3%	申展等（2013）
闽楠 1a 生枝条	在 1 000 mg/L 的吲哚乙酸（IAA）中速蘸 10 s，待 IAA 溶液中酒精挥发 10 s 后扦插	蛭石（50%）＋泥炭（50%）	82.0%	王东光等（2013）

（二）组织培养

目前，有关楠木组织培养方面的研究较少，虽有学者做了一些研究，但还没有形成完善的组织培养体系。多数研究集中于外植体消毒、腋芽萌发和愈伤组织诱导等，在少数涉及增殖培养的研究中，增殖系数普遍不高。余云云（2019）以桢楠带芽茎段为外植体，发现其最佳消毒方法为 0.1% $HgCl_2$ 溶液处理 4.5 min，污染率约 40%；最佳腋芽萌发培养基为 1/2MS＋2.0 mg/L 6-BA＋1.0 mg/L ZT＋0.3 mg/L IBA，萌芽率最高为 68.42%；采用 1/2MS＋0.01 mg/L NAA＋0.2 g/L 活性炭作为生根培养基时，生根率仅 8.33%；以嫩叶为外植体进行愈伤组织诱导时，MS＋0.5 mg/L 6-BA＋5.0 mg/L NAA 培养基的愈伤诱导率最高可达 96.87%。曲芬霞等（2010）在对闽楠进行愈伤组培诱导研究时，发现春季为最佳接种时期，诱导率高且褐化率低；茎段为最佳外植体，优于叶片与根尖；愈伤组织诱导培养基以 MS＋2.0 mg/L 6-BA＋0.5 mg/L NAA 为最佳，诱导率可达 100%；最优增殖培养基为 MS＋2.0 mg/L 6-BA＋0.1 mg/L NAA，增殖系数达到 4.4；用 1/2MS＋0.5 mg/L IBA 培养基进行幼苗生根培养效果最好，生根率高达 98%。从已有研究来看，桢楠与闽楠进行组培时，多以 MS 和 1/2MS 为基本培养基。然而，黄碧华（2017）认为，浙江楠进行茎段初代培养时，采用 0.1% $HgCl_2$ 溶液消毒 5 min 最优，存活率达 42%；基本培养基 B5 优于 MS 和 1/2MS；最佳初代培养基为 B5＋0.5 mg/L 6-BA＋0.2 mg/L NAA；继代增殖最佳培养基为 B5＋0.8 mg/L 6-BA＋1.0 mg/L KT＋0.6 mg/L NAA，增殖系数为 4.8。

三、苗木栽培逆境研究

（一）病害

楠木幼苗期主要病害有立枯病、根腐病和黄叶病等。为预防病害，曾武等认为播种 10 d 后应喷 1 次杀菌药（多菌灵、百泰、甲基托布津等），并对播床进行 1 次消毒。播种 30 d 待幼苗出土后，应每隔 10 d 喷 1 次杀菌药和叶面肥（KH_2PO_4），并轮换使用不同的杀菌剂。在发病初期，使用 50%多菌灵可湿性粉剂 1.5 g/m^2 喷粉或 50%代森锌 500 倍液喷淋苗木，可取得较好的防治效果。每逢雨过天晴，应全田喷洒多菌灵、甲基托布津或立枯克灵，以防病菌蔓延。此外，梁逸葳等（2015）认为外施 100 mg/L NAA 可促进苗木的光合作用，提高楠木抗病性。

（二）虫害

楠木苗期的虫害主要有食叶害虫鳞毛叶甲、地老虎、蚂蚁等。对于食叶害虫的防治，应在整个生长期内进行，尤其是5～7月，可用40%氧化乐果乳剂400～600倍液喷洒新梢。对于地下害虫，可用敌百虫拌麦麸或者糠制成诱饵，均匀地放入土内，用来杀死地老虎、蛴螬等。浙江楠苗期虫害较少，仅发现有少量卷叶蛾、地老虎等，采用50%乙酰甲胺磷乳油800～1 000倍液、80%敌百虫或40%氧化乐果乳剂400～600倍液等药液喷洒，均可取得较好的防治效果。

（三）低温逆境

楠木，尤其是幼苗的抗寒性较弱，容易受到低温伤害。已有研究表明，叶面喷施水杨酸（SA）、氯化钙（$CaCl_2$）、矮壮素和缩节胺溶液，以及施肥对增强楠木幼苗的抗寒性均有促进作用。孙兵等（2016）认为，SA处理的效果优于$CaCl_2$，但适宜的施用浓度在不同研究中有所不同。李玮婷等（2015）、何舒怀等（2018）认为10 mmol/L的SA溶液对提高1年生闽楠幼苗的抗寒性效果最好。但孙兵等则认为叶面喷施1 mmol/L的SA溶液对于提高抗寒性效果最好。也有研究发现，在5℃、0℃和－5℃环境中，以300 mg/L缩节胺溶液和300 mg/L矮壮素溶液处理的闽楠幼苗的叶绿素含量、脯氨酸含量、超氧化物歧化酶活性和过氧化物酶活性表现较优，利于闽楠幼苗增强抗寒能力。此外，马俊伟（2016）发现，土壤施肥N、P、K配比为1∶1∶2，同时喷施5 mmol/L的SA可提高细叶楠的耐寒性，并有效促进苗高生长。

（四）其他逆境

关于楠木其他逆境胁迫方面的研究相对较少，主要集中在干旱、盐碱和O_3胁迫等方面。目前，多数研究是开展不同楠木种类的抗逆性比较，而涉及抗逆机制的研究很少。陈炳全等（2017）在对闽楠和浙江楠幼苗进行水分胁迫对比试验时发现，闽楠较浙江楠更能适应轻度和中度淹水环境，且抗旱性也更强。朱丽等（2015）发现，闽楠幼苗的耐盐碱能力优于桢楠，两者的最高耐盐摩尔浓度分别为 200 mmol/L 和 100 mmol/L。也有研究认为，刨花楠的耐盐能力高于浙江楠，更适合于滨海地区种植。于浩等（2016）对 O_3 胁迫下的刨花楠、闽楠和桢楠进行了研究，发现 O_3 胁迫易使大多数楠木叶片出现受害症状，认为楠木可作为 O_3 污染的指示树种，其中刨花楠的敏感性最高，闽楠次之，桢楠相对最弱。

第三节　楠木培育技术

一、选种技术

在选择要栽种的楠木树种时，先要调查当地的气候条件和自然条件，确定温度、水分、光照、土壤等是否适宜楠木的实际生长，为楠木的顺利生长奠定良好的基础。

二、采种技术

从当地已经生长了数年的楠木母树上采集种子，因为其已经适应了当地的气候条件和自然环境，其种子同样也能够适应当地的环境，从而能达到良好的栽种效果。此外，要选择树形高大的母树，采集长势良好的种子。一般在 11 月下旬至 12 月上旬，即小雪前后采集楠木种子。在采集时，要仔细观察种子的颜色，表皮颜色由青黑色变成黑蓝色时就表示种子已经成熟了，此时就可以采摘。最好选择 20 年树龄以上、健壮高大的母树，可以使用竹竿或者钩刀击打以收集种子，去除劣质的果实，擦去饱满果实的果皮后，将种子放入清水中洗净，然后放在室内阴干，切记不可放在强光下晾晒，用湿润的河沙分层储藏阴干后的种子，沙子的含水量保持在 5%左右。如果想要催芽，则可以将种子放置在阳光下或者温度比较高的地方，这样立春后就可以播种了（据统计，发芽率可达到 90%）。

三、整地技术

楠木在育苗期不喜欢强光，喜好阴湿的环境，因此应该选择光照时间短、便于灌溉的山地。种植前要清理干净石块、杂草等，然后将土壤完全粉碎后按地势由高到低挖掘苗床，这样便于排水。对于施加的基肥，宜选用有机肥，每 667 m^2 施有机肥 200 kg 左右，充分混合后铺平土壤，苗床要高于地面约 10 cm，宽约 1.5 m，长度则按照种植的面积计算。如果周边有良好的水源，则可以采用喷灌的方式浇水，以满足楠木生长对水分的需求。

四、播种技术

一般在每年 2 月前后播种楠木，当室外温度达到 15℃后，就可以拿出储藏的种子，然后用 0.3%的高锰酸钾溶液浸泡约 2 h，使用湿润的细沙覆盖 3 d 即可完成催芽。播种常采用条播的形式，宽 5 cm，行距 20 cm，种子用量为 260～300 kg/hm^2。播种完成后在表面覆盖一层约 1 cm 厚的火烧土，再覆盖一层稻草，以确保土壤湿润。如果光照太强，就要做适当的遮光处理。幼苗在前期生长比较缓慢，7 月苗高达到 10 cm 时，就可以进行定苗，每 667 m^2 保留约 3 万株苗，8～10 月是幼苗的快速生长期，在这个时期，应该加强对幼苗的水、肥管理，从而使苗快速生长。11 月有部分苗还会抽梢，要注意避免其被冻伤。针对长势较弱的苗，可以多留一年再用于造林。

五、苗木移栽技术

楠木苗的移栽大都选择在春季或者初冬，楠木生长对水分、光照等方面的要求较高，要移栽的林地的土壤要厚且肥沃，最好选择光照时间较短，比较容易灌溉的山洼、山谷、半阴坡等地。同时，还要进行打坎操作，确保坎符合移栽的标准，种植穴要深，直径在 50 cm 左右，深度要超过 30 cm，否则会影响楠木的根系生长。虽然楠木根系较多，但都比较脆弱，因此在起苗时就要尽快打好泥浆，保护其根系，尽可能地随起随用。楠木的幼年期生长速度比较慢，树冠也较小，因此可以适当提高初植的密度，每 667 m 约栽植 200 株。

在移栽时要避免幼苗被阳光直射，可以选择下雨天或者阴天移植，严格遵守根舒、深栽、打紧、苗正等原则，以保证楠木幼苗的存活率。5 月要搭建遮阳棚，遮阳棚的透光度要达到 50%，此时，不仅能够满足楠木的生长需求，还能避免其被阳光直射。

六、苗期管理

苗期管理在种植楠木的过程中是非常重要的，能够有效提高楠木的成活率。当幼苗出土后，需要及时挪走覆盖的稻草，并把稻壳撒入其中，开展除草、松土等工作。同时，可以按需求进行施肥，做好灌溉和排水等工作，确保楠木生长所需的水分和养分。在楠木开始进入生长期后，可以追施氮肥。随着幼苗越长越壮，就可以用磷肥取代氮肥，当过了苗木的快速生长期后，就不要继续追肥，避免树苗因二次生长期而出现冻害。当苗木生长到 5～6 月时，就需要进行除苗工作，即剔除弱苗和病苗，创造出更大的生长空间，确保幼苗的健康生长。从 7 月开始，大部分苗木达到 10 cm，这时就开始定苗。8～10 月苗木生长较快，为了使其能够获得足够的养分，需要加强水肥方面的管理，为苗木的快速生长提供有力的保障。10 月以后，楠木幼苗已经足够强壮，这时需要停止施加氮肥和灌溉，控制幼苗的生长速度，确保其能够安全度过冬天。此外，还要特别注意在 6～9 月布置遮阳网，保护幼苗，避免强烈的太阳直射，因为幼苗一旦被长时间照射，就极易出现叶子变黄等问题。

七、楠木生长管理

楠木的初期生长较为缓慢，比较容易遭到杂草的侵袭和压盖，从而影响其生长和存活率，所以要加强抚育管理。

在国有林场造林最初的 5 年，每年都要开展抚育工作，最好 1 年两次，山谷杂草丛生的地带和山坡下部还需要多次抚育。抚育的时间应该是在楠木的生长高峰期前，即 4～5 月进行第一次抚育，7～8 月进行第二次抚育。因为楠木的树冠发育很慢，所以严禁给幼林打枝，在抚育时也要注意不损伤树皮，否则会影响其生长速度。当楠木树冠郁闭时，会有较多被压的树木，这时就应该进行抚育间伐，将明显被压、优良木四周的竞争木以及双杈木进行间伐。根据实际情况决定间伐的具体强度，对土壤较肥沃和初植密度比较大的楠木，可以伐去 30%左右。

八、病虫害防治

病虫害防治以预防为主、后期治疗为辅。楠木常见的病虫害包括白绢病、地老虎和蛀梢象鼻虫等。

白绢病又称根腐病，是楠木幼苗培育过程中的重点病害。其发病时间通常在春季，每年 3 月到 4 月楠木幼苗培育地较为潮湿，根茎表面如果没有进行科学处理，就会滋生白色菌素，形成白绢病。白色菌素会随着根茎的生长逐渐蔓延到周围土壤中，若得不到及时处理，白色菌素就会演变成油菜籽大小的圆形菌。对于白绢病的治理，可采用 50%多菌灵可湿性粉剂 600 倍液对幼苗种植地进行浇灌；也可以采用绿亨 2 号，按照使用说明兑水，灌入楠木幼苗根部。同时要及时烧毁已经被感染的楠木幼苗，将病株彻底处理，避免楠木幼苗之间交叉感染。

地老虎是楠木生长中的常见害虫，主要表现为在楠木幼苗阶段咬断幼苗的根茎。防治地老虎需用国光“毒箭”氯氰菊酯乳剂喷雾，一般使用浓度为 5%。

对楠木生长威胁最严重的虫害是蛀梢象鼻虫，其幼虫钻入楠木树梢会使树梢枯死。蛀梢象鼻虫的幼虫为乳白色，成年后外表变为黑色。每年 3 月是蛀梢象鼻虫的产卵期，5 月中旬则进入爆发期。可于蛀梢象鼻虫幼虫期使用 40%乐果乳剂 500 倍液喷洒树梢，杀灭幼虫。

楠木在生长过程中易受灰毛金花虫的侵害。灰毛金花虫通常以啃食楠木的嫩叶和嫩梢存活，繁衍速度较快，数量最多时虫口密度可达到 50 头/株，严重时会直接导致楠木嫩梢枯萎。可在灰毛金花虫活跃的 4 月使用 621 杀虫烟剂熏杀，减少虫口数量。

第四节 楠木人工林建设

楠木属为樟科经济价值较大的一个属，多为高大乔木，人们习惯将楠木属植物统称为楠木山。我国的楠木人工栽培开始较早，长江以南各地均有楠木人工栽培，但由于缺乏对楠木人工栽培技术的系统研究，对楠木的生物生态学特性了解不够，目前国内楠木人工造林盲目性较大，加上楠木生长慢，对立地要求严格，收益迟，因此发展楠木人工林进程缓慢，造林面积都不大，能成林成材的楠木人工林更少，这在一定程度上制约了楠木人工林的规模化、产业化发展。

一、全面提高楠木人工林的造林技术

目前，楠木的造林技术还不够完善，尤其是在全裸露山场造林还未取得成功。应针对不同的立地条件，选择合适的楠木树种，适地适树；不断提高楠木造林技术，适当使用一些植物激素来提高造林幼苗的成活率；在混交林中，不论楠木是在杉木还是阔叶树冠下，营造楠木成功的关键在于及时调整林分的郁闭度。初期可采取劈草、整枝、扩穴培土等抚育措施进行调整，保证楠木的透光度，促进楠木幼林正常的光合作用。

二、对现有的楠木资源进行保护

健全法律法规，制定有效的保护措施，严禁砍伐现有楠木资源，提倡木材综合利用和节约使用木材，鼓励开发、利用木材代用品。积极进行抚育管理，防治病虫害，保护好现有资源。根据国家和地方人民政府的规定，对集体和个人造林、育林给予经济扶持或者提供长期贷款。设立森林生态效益补偿基金，用于提供生态效益的防护林和特种用途林的森林资源、林木的营造、抚育、保护和管理。森林生态效益补偿基金必须专款专用，不得挪作他用。

三、提高楠木人工林造林面积

近年研究发现，虽然部分楠木属植物的现有分布范围很狭窄，但是其潜在的分布范围却相当广泛。闽楠的分布跨浙、鄂、湘、赣、川、黔，最南分布到两广和福建，最北可达安徽南部和河南。紫楠的分布范围也相当广泛，最南分布在中南半岛，最北可达江苏南部，现宜溧山区尚有野生林，与苦槠、青冈栎等混生。浙江楠的现有分布范围较为狭窄，成片分布仅见于浙江杭州云栖、理安寺，其余主要零星分布在江西、安徽和福建，多与壳斗科、木兰科、山茶科、冬青科、山矾科、野茉莉科和樟科常绿树种混生。近年试验发现，浙江楠对生态环境的适应性较强，对土壤要求不高，具有较强的抗旱、抗寒能力，其潜在分布范围也十分广泛。目前，江苏南京、镇江、苏州、无锡均已引种成功，并能安全越冬。长期以来，由于乱砍滥伐阔叶林，我国丰富的阔叶林资源已日趋减少，尤其是闽楠、浙江楠及桢楠等成林面积极少。因此，要大力发展楠木人工林，提高造林技术，增加造林面积，尤其要增加楠木濒危种的造林面积，使楠木人工林规模化、产业化。

四、大力发展楠木混交林

可根据楠木幼中龄期中性偏阴的生物学特性，在杉木人工林间伐后充分利用林地自然生产潜力，在林冠下营造楠木，同时由于目前我国马尾松人工林面积较大，因此可在间伐马尾松人工林后，选择立地条件优越的地方，营造楠木，达到扩大楠木栽培面积的目的。马尾松透光性好，间伐后极易生长杂木、杂草，楠木造林后应及时将林分的透光度调整到适合楠木生长的范围，以保证成材率。

第三章　浙江楠多维研究

浙江楠属于樟科楠木属，有较高的经济价值，是珍稀保护树种。浙江楠在浙江、江西、福建和安徽南部分布较多，多生长在海拔1 000 m以下的丘陵山谷和山坡中，喜温暖、湿润的气候。浙江楠材质优良，可作建筑材料、高档家具和雕刻等用；因其树体高大、枝叶繁茂、树形美观等，被广泛用于南方城市的园林绿化中；也是丘陵山区的宜林树种。

第一节　浙江楠适生区与气候环境关系的分析

气候对物种的影响是一个综合与长期的过程，尤其是温度和水分的影响，它们既可以通过影响植物光合、呼吸、蒸腾等代谢过程来影响植物的生长，也可以通过影响有机物的合成和运输等代谢过程来影响植物的生长，最终形成现今物种适合或不适合的分布区。因此，探讨水分、温度及其他综合气候指标对物种分布的影响，可较好地揭示限制物种分布的关键性因素。

气候环境指数对物种保护具有积极引导作用。在一般植被—气候相互关系研究中常用的有单一的气候指数，如年均温、年降水量、极端温度等；同时也包括一些综合指标，如Kira热量指数、Holdridge生命地带模型、Thornthwaite

潜在可能蒸散指标和湿润指数等。我国学者在利用这些气候指标指导科学实践工作方面主要集中在两个方面：一是为目标物种如台湾林檎（*Malus doumeri*）、油橄榄（*Olea europaea*）、赤桉（*Eucalyptus camaldulensis*）、川榛（*Corylus kweichowensis*）等寻找具体的适生区，并为此类物种的推广栽培提供科学参考。二是通过研究气候与物种分布关系，找出影响物种分布的主要因子，并探索物种分布区形成的原因，确定物种适宜的分布区，为濒危物种的迁地与就地保护提供科学依据。

水分条件是影响植物生长和地理分布的主要生态因子之一。降水量作为最简单的气候指标可反映气候干湿程度，年降水量大于 800 mm 的区域为湿润区。首先，从浙江楠分布区的年降水量情况来看，年均降水量和生长季降水量的平均值均大于 1 200 mm，即使是最小值也在 1 000 mm 以上。因此，根据降水量的简单划分可知，浙江楠的自然分布区在湿润区。其次，浙江楠地理分布区的降水情况变异系数在 10%以内，表明各地降水差异不大，整个分布区的降水量较为均衡。最后，根据各地生长季降水量与年降水量的占比发现，生长季降水均占全年的 70%以上，即降水多数集中在夏季。因此，夏季太平洋湿润的东南季风为浙江楠分布区带来了充沛的降水，为其提供了良好的生长环境。

温度是另外一个影响物种生长与地理分布的关键性因素，而且温度的变化还会带来降水、辐射、潜在蒸散等其他气候变量的变化，进而影响整个生态系统。从几个单一温度气候指标来看，多数地区的年均温在 15～18℃，最暖月和最冷月均温分别为 27.41℃和 5.65℃。虽然部分区域有酷暑和严寒的情况出现，但从整体历史记录来看，极端气温持续时间并不长。所以，这些数据综合反映出浙江楠分布区以温暖地带为主，其性喜温。

综合气候指标也较好地解释了浙江楠地理分布与气候的相关性。首先，根据 Holdridge 生命地带分类系统的生物温度 BT 来看，浙江楠的平均生物温度为 17.08℃，且在 12.48～20.14℃内波动；同时研究发现，过半地区的生物温度也在17℃以上，因此其符合Holdridge系统规定的亚热带的界限。其次，参考亚热带优势科壳斗科植物的气候分布类型，浙江楠接近于中温湿润型的物种，符合该类型定义的“地处中亚热带北部、所处海拔高度较低，热量充足，生境湿润，水热条件好，喜温喜湿”等特点。根据徐文铎（1985）湿润指数HI的划分，浙江楠地理分布区在湿润区的范围内（HI＞7.5）。此外，根据Kira温暖指数WI的划分，暖温带和亚热带的温暖指数分别为85＜WI≤180和180＜WI≤240，而浙江楠的WI值多数落在暖温带内；但实际情况是浙江楠的分布区是我国的中亚热带地区。Kira指出限制常绿阔叶林树种向北和向上分布的热量指标是冬季几个月的寒冷指数，而不是温暖指数。浙江楠分布区的寒冷指数CI平均值为2.62℃/月，说明该树种对热量需求较高，耐寒性一般。现有的引种结果表明，浙江楠在南京、合肥、马鞍山等地的引种生长良好，再往北未见有相关引种的报道。

气候因子对物种分布的限制是综合性的，弄清哪几个关键性因子对物种的分布起决定性作用有着重要的意义。在研究植物分布与气候关系的过程中，主成分分析法已成为确定气候主导因子的有效手段，并得到广泛应用。主成分分析表明，影响浙江楠分布的关键性因子是温度，其中年均温度、温暖指数和生物温度在第一主成分中具有相同的载荷。由此可知，主成分分析的结果也支持了该物种喜温的特性。因此，在对该物种进行引种栽培或迁地保护时，目标地的各温度指标是首先需要关注的，在宏观生态尺度上，气候指标在很大程度上决定了物种的分布。不可否认，人类活动、种间相互作用、土壤、地形地貌、微环境因子的异质性、植物分布与气候变化间的滞后关系等因子都可能影响物种的地理分布格局及其与气候的关系。因此，在了解宏观气候特征的情况下，对物种生存微环境的掌握也是物种保护和引种成功的关键性因素。

第二节　气候变化对浙江楠潜在分布范围及空间格局的影响

气候环境因素是影响生物分布的决定性因素，也是主导生物体内各种生理代谢和生物繁衍生息的关键因素，生物受气候变化影响会产生生理活动和分布范围的变化。末次盛冰期（21 ka BP）以来地球气候的巨大变化改变了全球大部分地区的植被分布。末次盛冰期，全球气候大幅降温，东亚草原大范围扩张，我国东部暖温带常绿阔叶林和混交林向南推进 300～1 000 km。全新世中期（6 ka BP）是距今最近的一个大暖期，我国亚热带常绿阔叶林和混交林轻微北移，向北推进了约 3 个纬度，但是低纬度热带植被的相对变化不大。未来一段时间在温室效应的作用下引起的温度和湿度的剧烈变化，可能成为威胁生物多样性的重要因素。因此，研究植物分布格局对气候变化的响应对于揭示物种的形成、迁移和扩散历史，提出合理的物种多样性保护措施有重要的意义。

物种分布模型是利用物种分布数据（主要是出现数据）与环境数据，依据特定算法估计物种生态位，并投射到景观中，以概率的形式反映物种对生境的偏好程度，用以解释物种出现的概率、生境适宜度或物种丰富度等的模型。随着获取数据的丰富以及研究手段和运算能力的提高，利用物种分布模型研究物种隔离、物种形成以及自然选择与非生物因子之间的关联具有很大的潜力，利用该模型寻找物种的分布区、限制因子及生境条件等成为保护区划定、入侵生物防治和生物多样性保护等的重要依据。

选择合适的模型对物种潜在分布区进行预测和分析，需结合物种分布信息的数量和质量以及生物生态特性来决定。最大熵（Maxent）模型广泛应用于气候变化下物种的地理分布预测。该模型基于热力学第二定律，按照该定律，一个非均衡的生命系统通过与环境的物质和能量交换来保持其存在。在物种潜在分布的相关研究中，可将物种与其生长环境视为一个系统，通过计算机系统具有最大熵时的状态参数来确定物种和环境之间的稳定关系，并以此估计物种的分布。AUC（受试者工作特征曲线下与坐标轴围成的面积）分析后显示，Maxent模型结果要优于同类预测模型，即使在物种分布数据较少的情况下仍能得到较为满意的结果。近年来，Maxent 模型的应用十分广泛，既可对珍稀濒危物种生境进行评价，对迁地保护的潜在分布区进行预测，又可对优良植物的引种栽培范围进行估计，同时也可防范入侵物种、传染疾病的潜在扩散风险。在气候数据完整的情况下，该模型还可以投射到过去（如末次间冰期、末次盛冰期和全新世中期等）和未来，帮助确定冰期避难所的位置和物种迁移扩散路径，为孢粉学、古生物学和遗传学等提供辅助信息，因此在进化生物学、谱系地理学、保护生物学和生态学上有着重要作用。

笔者基于 Maxent 模型预测了浙江楠在末次盛冰期、全新世中期、现代和2070 年 4 个历史时期的潜在分布区，探讨了气候因子对浙江楠地理分布的制约机制，气候变化下浙江楠分布格局的响应情况，以及冰期以来浙江楠种群迁移扩散路径，从而为浙江楠谱系地理学研究和物种保护提供了理论依据。

一、不同历史时期浙江楠潜在分布区的变化

Maxent 模型预测浙江楠的末次盛冰期的最适生区位于东海大陆架与日本四国、九州及本岛临近位置。该时期海面下降，绝大部分大陆架露出海面。郑卓等的（2013）研究表明，末次盛冰期时东海大陆架可能是巨大的长江冲积平原，在丘陵地区有亚热带—温带林木的分布。全新世中期的温度和湿度总体来说略高于现代，该时期浙江楠的潜在分布区总体上与现代一致，但其各个程度的适生区面积均有向低海拔地区扩张的趋势。在地理区系上，现代浙江楠地理

分布所处的中国—日本森林植物亚区，是相当丰富和古老的温带至亚热带植物区系，从白垩纪起改变不大，保留了很多第三纪甚至更古老的孑遗植物。该区里的华东植物区系显示了从暖温带到亚热带森林逐渐过渡的情况。该区系中，常绿栎类和紫楠、红楠等其他常绿树种一样，越向南种类越多，特有成分也越多。潜在分布区扩张到华中和华南地区。华中植物区系和华南植物区系也是中国—日本森林植物亚区的核心组成部分，但华南地区更呈现出亚热带向热带地区过渡的特色。台湾北半部和南部中山从亚热带开始，与华东植物区系相似，这与其地理位置与历史背景相吻合（吴征镒，1979）。所以，末次盛冰期以来，浙江楠的地理分布基本就在中国—日本森林植物亚区。随着全球气温升高，物种分布范围正向高海拔和高纬度地区迁移。浙江楠的地理分布在 2070 年呈现向东北方向，特别是向日本九州、四国及本岛迁移的趋势。但相较于现代分布区，2070 年浙江楠在大陆分布范围急剧缩小至高度适生区。4 个历史时期浙江楠的潜在分布区都包含日本本岛等地，尤其是在末次盛冰期和 2070 年，浙江楠潜在分布区整体向该地区迁移。根据这一现象推测，华东地区至东海大陆架及日本九州、四国及西南本州岛是浙江楠的冰期避难所，但由于化石及孢粉缺失，很难对东海大陆架楠属的植物分布情况进行说明。

植物的分布主要受气候影响，但在植物分布区的预测上还需考虑土壤、地形、动物、植被和竞争者等因素，需要采用多种方法深入研究，这样才能更有效地揭示浙江楠的物种形成和扩散历史。

二、气候因子对浙江楠潜在地理分布的影响

植物与气候的关系突出表现在一定地带内植被或植物群落类型与气候密切相关，或者说地域性的植被或群落类型基本上是该地气候的综合反映。紫楠与浙江楠亲缘关系较近且分布区有重叠，但紫楠广泛分布于长江以南各地，而

浙江楠仅分布在长江中下游地区，表明两者的生态适应性有较大差别。DIVA-GIS 软件提取的 35 个浙江楠记录点的现代气候数据显示，记录点年均温为 15.9℃，年均降水量为 1 720.7 mm。谢晓金等（2006）采用 Kira 和 Holdridge 指标对浙江楠耐低温能力进行评价，结果显示浙江楠的最适生长温度在 12.28～18.04℃，寒冷指数为－3.8℃。Holdridge 指标的生物温度均值为 15.16。这一结果与此次研究气候数据相一致。

Maxent 模型分析结果显示，冬季水分是限制浙江楠潜在地理分布的主导因子，但植物分布主要受温度因子的制约，这说明在影响浙江楠的潜在地理分布因子中，水分因子与温度因子同样重要。同时，预测结果表明浙江楠潜在高度适生区主要位于较高海拔地区，这时海拔越高，湿度越大，也与预测结果相对应。

第三节　浙江楠研究现状及濒危保护建议

一、浙江楠研究现状

（一）资源状况和地理分布

浙江楠目前在我国的浙江省、福建省、江西省和安徽省南部均有分布，且多生长在海拔小于 1 000 m 的丘陵山谷或红壤山坡常绿阔叶林内，喜温暖湿润气候、偏酸性土壤，pH 值为 4.3～5.5。在杭州云栖、理安寺分布有以浙江楠为优势种的常绿阔叶林，其余地区均系散生分布。

浙江楠分布区的年均气温为16～18℃，极端最低气温为−9.6～−5℃，极端最高气温为38℃，250 d无霜期，年降水量在1 400～1 700 mm，降水集中在夏季；土壤（多为红壤）的pH值为4.3～5.5，土壤的有机质含量1.35%。吴显坤（2016）利用Maxent模型分析预测了浙江楠现代潜在分布区，认为浙江楠的生境可分成3大类，分别是基本适生区（0.2＜P≤0.5），包括安徽的大别山南部、湖北东南部、湖南雪峰山以东、广西大瑶山地区、广东罗浮山及莲花山地区、福建武夷山及戴云山以北、浙江省全境，同时台湾的中央山脉和阿里山山脉也包括在内；中度适生区（0.5＜P≤0.7），包括幕阜山、九岭山、罗霄山、怀玉山、武夷山、黄山、天目山、会稽山、天台山、雁荡山、洞宫山等低海拔丘陵地区；高度适生区（0.7＜P≤1）包括武夷山、仙霞岭、洞宫山和雁荡山等高海拔山地地带。

（二）种群生态学与生物多样性

吴显坤（2016）调查了安徽省祁门地区的浙江楠种群结构和种群数量动态变化，发现该地区浙江楠种群在结构上大致呈“金字塔”形，即大径级的数量最少，中间径级的数量保持在一定水平，而幼树的数量较多。王良衍等（2015）通过分析比较林分发育、林木竞争分化、树高/胸径比值和优势木生长等特征，从生态学角度表明与浙江楠人工纯林相比，异龄混交林的生长优势显著。吴小林（2011）对浙江省天然浙江楠种群群落类型、植物多样性等进行了系统分析，发现浙江楠天然种群分布不论从数量上还是面积上都是极其有限的，群落层次性较强，在自然群落的乔木层占有优势。同一群落不同层次的物种多样性差异较大，杭州仁寿山的浙江楠群落乔木层、灌木层的Shannon-Wiener指数（衡量生态系统物种多样性的一个经典指标）较高；杭州理安寺的浙江楠群落乔木层多样性指数较低，灌木层、草本层多样性指数较高。杭州九溪及云栖浙江楠群落是位于中亚热带北缘的一个常绿落叶阔叶林类型，群落结构复杂，其优势乔木种群有苦槠、浙江楠、青冈、枫香、木荷、浙江桂等，但浙江楠优势树种作用比较明显，在数量和幼苗上占有绝对优势，控制着整个群落的森林环境。通过对浙江楠群落物种多样性分析发现，浙江楠群落物种多样性、均匀度指数较低，说明该群落优势树种作用明显，林下植物种类稀少。此外，浙江楠在群落中表现为增长型种群，林荫下大量的幼苗在天然更新后形成群落幼苗，并逐渐占据主林层，在群落中占据优势地位。

在生态位方面，有研究通过对浙江楠 7 个种群中 9 个优势种的生态位宽度值进行比较，发现浙江楠的生态位宽度值较大，说明浙江楠适合在类似研究样地建立优势种群，在群落内部其适应群落小生境的能力以及对小生境内资源的利用能力都比较强。另外，浙江楠与杉木、木荷的生态重叠值比较高，说明它们的生物生态特征具有相似性。也对江西三清山浙江楠群落 9 个主要乔木种群的生态位特征进行了研究，证明毛竹、枫香、棕榈和浙江楠的生态位宽度较大。

在遗传多样性方面，李因刚（2016）通过对浙江楠分布区的 9 个种群的 10 个表型性状进行分析研究，发现浙江楠叶片、种子等表型性状在种群间和种群内差异均达到极显著水平，且种群内变异大于种群间变异，表明种群内变异是浙江楠表型变异的主要变异来源。种群间叶片的平均变异系数（16.99%）大于种子的平均变异系数（8.58%），表明种子的稳定性高于叶片。种子和叶片的各性状间相关性不显著。种子宽、种子体积和种子千粒重随海拔的增加逐渐减小，种子体积随纬度的增大逐渐增大。有研究对 6 个浙江楠天然群落进行样地调查，结果显示 6 个群落的相似性为 0.0606～0.4，浙江永嘉和江西婺源两个群落的相似性最小，浙江松阳与江西婺源两个群落的相似性最大；6 个群落的重要值为 16.27%～43.09%，浙江泰顺群落的重要值最小，江西黎川群落的重要值最大。还有研究根据叶片表型性状将 7 个群落进行聚类分析，结果发现，浙江泰顺和江西太白两个群体的表型特征相近，江西黎川群体与浙江泰顺、江西太白群体较近，聚为一类；浙江永嘉与江西武夷山群体较为相近，为一类；浙江杭州、浙江松阳群体则单独为一类群。这些研究对浙江楠物种的保护及资源开发具有重要意义。

（三）种子萌发与生理生化研究

浙江楠种皮中含有脱落酸（ABA），层积处理可以降低 ABA 含量，用室温或变温层积处理 21 d，均能打破种子休眠（史晓华，1990）。李珍（2012）通过试验证实，浙江楠种子的较佳贮藏方式是低温（4℃）湿沙层积，适宜的光照对浙江楠种子的萌发具有促进作用。

在生理生化水平的研究上，李冬林等（2004）对不同光照条件下浙江楠幼苗的生长及相关生理特性进行了研究，结果表明，不同的光照处理都会使浙江楠幼苗在生长量和生理生化水平上出现变化。例如，在遮阴条件下浙江楠苗木单株分枝数目、叶片数目和冠幅均有所下降，浙江楠单叶面积变化不大，但是单叶干重变化较为明显，比叶面积增大，比叶重减少，叶绿素 a、叶绿素 b、叶绿素总量均表现为增加；全光照条件下，单叶干重最大；全光和弱度遮阴条件下，苗木的净光合速率较大，苗木生长旺盛，碳水化合物的积累较多，生物量增加；重度遮阴时，苗木的净光合速率较小，碳水化合物的积累较少，生长缓慢，生物量下降。由此可见，光照对浙江楠生长发育的影响明显。此外，李冬林（2005）还研究了浙江楠留床苗的年生长规律，认为可以将苗木的生长过程划分为 3 个时期：生长初期（20 d）、速生期（180 d）和苗木硬化期（60 d）。浙江楠苗期生长呈现指数生长规律，第 1a 生长较慢，从第 2a 起呈现加速生长趋势。陈永霞（2005）认为，浙江楠幼苗主根发达，表现出深根性树种的早期特性。欧斌（2002）的研究结果也证明了 7 月至 10 月中旬是浙江楠的生长高峰期，灌溉对苗木的生长具有促进作用。

（四）容器苗育苗技术

关于浙江楠苗木培育方面的研究主要集中于容器苗培育方面，包括育苗基质的配比、容器的规格类型、缓释肥加载量和育苗密度等方面。徐文才（2012）研究了不同容器规格、不同基肥施入量和不同基质配比对浙江楠轻基质容器苗生长的影响，认为以容器长度 10 cm、基质体积配比泥炭：珍珠岩：砻糠＝3：1：1、每立方米基质中加入 APEX18-6-12 缓释肥 3 kg 组合的生产成本较低且苗木质量好。李因刚（2015）的试验以苗高、叶面积、根长和总干物质量 4 个性状指标为浙江楠容器苗培育措施的选择指标，结合生产与造林成本，筛选出用基质配方泥炭：蛭石＝6：4、容器规格 10 cm×20 cm、缓释肥量 2.5 kg/m^3、育苗密度 100 株/m^2 的组合培育措施。

大量研究发现，不同苗龄的容器苗对基质和缓释肥的需求不同。1 年生浙江楠容器苗的最佳基质配方为泥炭 50%＋蛭石 30%＋阔叶树木片 20%，在该基质配方下，容器苗的各项生理特性均优于对照组，且具有较好的持水和保水性，容重小，便于运输。王艺等（2013）采用等量缓释肥来测定分析 1 年生浙江楠容器苗的生长状况和 N、P 养分吸收情况，发现 3.0 kg/m^2 施肥量就可实现浙江楠与闽楠氮磷养分库的构建，且生物量较高，符合高品质容器苗培育要求。20 mg/株的氮肥不仅是 1 年生浙江楠容器苗的最佳施肥量，也是闽楠的最佳氮肥施肥量，而浙江楠最佳磷肥施肥量为 60 mg/株。李峰卿（2017）的研究发现，缓释肥 N/P 养分配比的增加，明显促进了浙江楠容器苗生长；缓释肥的加载量对 2 年生浙江楠容器苗生长和干物质积累的影响均达到极显著水平。楚秀丽（2015）研究发现，基质中黄泥和泥炭的比例变化对 2 年生浙江楠容器苗生长的影响较小，缓释肥添加量对容器苗生长的影响比较明显。培育高质量容器苗应采用高 N 低 P 型缓释肥，培育浙江楠 2 年生容器苗，N 的施用量不应低于 1 850 mg/株，P 的施用量不应高于 350 mg/株。肖遥（2015）则认为 2 年生浙江楠容器苗宜采用 1.67 g/株 N 素和 0.32 /株 P 素施肥水平。3 年生浙江楠容器苗在基质配方为泥炭∶园土∶珍珠岩∶谷壳＝2∶4∶2∶2 和缓释肥 N∶P∶K＝21∶6∶13，750 g/m^2 条件下生长表现最佳。邱勇斌（2016）认为 3 年生浙江楠优质容器大苗培育以容器规格（30 cm×30 cm×30 cm）、基质成分和配比（泥炭∶黄心土∶草木灰＝6∶3∶1）、缓释肥施肥量（每立方米基质施 1.0 kg 复合肥）和复合肥施肥量（每立方米基质施 3.0 kg 复合肥）最佳，其苗高是对照组的 1.80 倍，地径是对照组的 1.87 倍。这些育苗技术的研究无疑为今后浙江楠产业化提供了良好的技术支持。

（五）造林技术研究

浙江楠为耐阴树种，适合山地丘陵混交造林和林下补植。田苏奎（2017）对浙江楠进行了村道路旁种植、杉木采伐迹地造林和马尾松林下补植 3 种造林方式的比较，结果表明，浙江楠当年成活率和 3 年保存率均是迹地造林最低，林下补植最高。从生长情况看，平均地径和平均树高同样是迹地造林最低，林下补植最高。因此，浙江楠适合于林下补植。

王军新等（2017）探讨比较了火烧迹地条件下不同造林模式对浙江楠的生长效果，结果表明，浙江楠与枫香混交效果最为理想，可以推广应用。浙江楠的光饱和点比较低，生长比较缓慢。在天然林中，浙江楠和杉木、木荷的生态特征具有相似性，对生境要求比较相近，楠木和杉木混交时生长较好。因此，在进行浙江楠人工造林时，可以选择和杉木、木荷一起在针阔混交林和阔叶林中进行大面积人工造林。

虽然浙江楠喜湿耐阴，但较高的荫蔽条件可能导致其生长不良，只有一定的光照条件才能保证苗木生长旺盛。试验发现，浙江楠幼苗在林分郁闭度为 0.6 的条件下生长较好，单株生物量最大。随着主栽树种的生长，林分郁闭度逐渐增大，需进行适当的修枝、间伐等，以改善林内光照条件，保证林下浙江楠的良好生长。

有关浙江润楠造林的研究表明，浙江润楠在前5年内，每年抚育两次，山坡下部及山谷杂草繁茂地带还应适当增加抚育次数。抚育时间安排在每年的4～5月和9～10月。在浙江润楠的幼年时期严禁打枝，抚育时不得损伤树皮。在树冠完全郁闭、林下杂草稀少、出现较多被压木时，应进行抚育间伐，间伐郁密度可控制在0.7左右。有关楠木和杉木混交林间伐的研究表明，间伐有利于楠木生长，间伐林分楠木平均胸径、树高、单株材积、蓄积量以及林下植被生物量都要高于不间伐的。这些试验结果可以供浙江楠造林参考。

二、濒危现状及保护建议

由于各种因素的影响，浙江楠天然资源和生态环境遭受了严重的破坏，从而使浙江楠的种质资源越来越脆弱，已经被列为国家珍稀濒危保护树种。浙江楠的濒危是本身生物学方面的因素和外部环境因素共同作用的结果，其生态适应范围较窄，零星分布于浙江、江西、安徽、福建等地，且现存生境破碎、种群面积不大，种群不连续，形成岛屿状分隔，同时种群间基因交流较少，种群近亲交配率高，进一步加剧了种群的衰退。有研究发现，虽然天然林中浙江楠种子数量大以及萌发率高，但是幼苗耐阴性有限且林下竞争激烈，只见幼苗不见幼树的现象严重，使得在自然状态下很难扩大它们的种群。此外，由于浙江楠材质优良，经济价值显著，大量成年植株直接遭到破坏和掠夺；人类长期采伐造成资源锐减，种群数量大幅下降或消失。在杭州九溪、云栖，开荒种茶、种竹成为威胁浙江楠生境的最主要人为因素。

调查表明，生境的丧失是威胁浙江楠生存的主要外因。具体保护建议有：在浙江楠较集中的地区建立浙江楠保护区或保护点，保证浙江楠的生存环境不受破坏；加大普及林业知识的力度，使全社会对森林的特点、价值有明确的认识；完善与森林资源保护有关的规章制度和法规，发挥制度在保护生态环境中的作用；收集保存浙江楠优良种质，建立专门的浙江楠异地种质保存基因库，为有效保护和可持续利用浙江楠资源提供科学依据；从不同种源地进行引种，增加种群内部遗传多样性，有效地增加不同地理种群之间的个体交流，扩大种群面积和数目，达到长期保护的目的；继续加强浙江楠造林技术研究，建立相关造林技术规程，在现有研究的基础上，对浙江楠的濒危过程及未来种群恢复过程进行跟踪研究，进一步明了浙江楠濒危的机制和过程，以便采取更有效的措施，不断扩大其种群。

第四节　浙江楠大树移植与养护实用技术分析

建设特色城市，打造宜居环境等理念已经成为中小城市发展的重要指导理念。宜居的城市建设，离不开特色城市绿化和园林设计，良好的城市绿化景观和特色园林植物是一个城市绿化层次的直接体现。改革开放以来，随着经济的快速发展，我国城市化加速推进，城市绿化建设日趋完善，但千篇一律的绿化树种选择使城市绿化显得单调、缺乏特色。加之目前主要绿化树种往往是低经济价值、抗逆性强的一般树种，其社会、经济和历史文化价值普遍较低，若干年后就要更新换代，难以形成有文化、有历史的城市绿化街道。

为提升城市绿化层次，珍贵树种进城将是未来一段时间园林绿化研究的重要课题。而在城市绿化中，大树移植成了城市绿化的重要手段，其能快速实现绿化效果。但大树移植受到树种、树龄、气候、季节、距离等因素，以及起苗、包装、栽植、施肥、修剪等环节的综合影响，且大树移植面临成活率低、长势不旺诸多问题，因此研究探索大树移植技术，最大限度提高成活率，一直是园林绿化工作者的重要任务。

2016年3月初，为提升绿化层次，彰显商业气息，庆元县在东门巷银河湾商业中心选择了兼具经济和历史文化价值的珍贵树种——浙江楠作为行道树，并根据树种、树龄、移植时间、种植地点等确定了移植方法，种植前施工单位组织相关技术人员查阅资料，精心策划并制定了完整、精细的整套方案，以确保种植成功。

一、移植前的准备

（一）收集资料

庆元县位于浙江省西南部，为亚热带季风气候，温暖湿润，四季分明，年平均气温17.4℃，降水量1 760 mm，无霜期245 d。该县气候条件优越，生长着众多珍贵用材树种，结合《浙江庆元·中国楠木城建设总体规划》，最终确定种植乡土珍贵树种——浙江楠。浙江楠作为金丝楠原种之一，是极其珍贵的用材树种，枝叶繁茂，树干挺拔，观赏价值高。但目前园林应用少，市场绿化苗木奇缺，本项目也是浙江省第一个应用浙江楠作为行道树的园林绿化案例。

（二）确定树木来源

通过多渠道联系和实地考察，相关部门从临安区采购了44株胸径16 cm、冠幅5 m×5 m、枝下高2.2 m、生长旺盛、干型通直、冠幅圆满的浙江楠。

（三）移植地整理

从施工现场预留的种植穴来看，由于是市政道路，种植穴内建筑垃圾、砾石较多，附近埋有管线，施工难度大。项目确定种植穴采用客土，首先开设种植穴，规格为 2 m×2 m×1.5 m，新黄泥土和有机基肥拌匀，回填至 1 m 深，保持穴底中间凸起备用。

（四）准备相关工具和设备

准备的工具及设备主要有吊车、汽车、支撑柱、浇水设备、绑缚及包装材料等。

二、移植中的技术措施

（一）移植时期

项目移植树种为常绿阔叶树，最佳的移植时间为 2 月中下旬至 3 月中旬，此时树液开始流动，但枝芽尚未萌发。

（二）起苗与包装

根据园林绿化施工要求，在选定的植株上用记号笔在向阳方向胸径处做好标记，起苗前 3～4 d 浇足水。起苗前，对大树进行支撑，防止因倒伏而损坏树木，造成工伤。项目采用全冠种植，起苗土球直径为 110 cm，树根要修剪平整，用草绳缠绕捆扎牢固，再用编织网缠绕固定。

（三）树冠修剪

根据全冠种植要求修剪树体，保留全部 1 级侧枝，去除内侧枝和重叠枝，确保冠幅圆满。浙江楠萌芽性较强，可以去除 3/4 的叶片，以减少水分蒸腾。剪口及时涂抹植物伤口愈合剂，防止病虫害侵染。

（四）吊装和运输

由于是长途运输，应在种植穴全部准备好之后，再起苗装车运输。采用起重机吊装，稻草绳缠绕树干；装车时根部朝前、树冠朝后，树干与木架或汽车接触的地方用柔软材料垫衬，并用绳子扎紧，以免碰伤树皮；树冠采用绳子束拢，相互错开、固定结实，避免随车晃动受损，运输中用帆布遮严，防止水分流失。

（五）定植

（1）大树运到后及时定植，定植采用吊车悬吊种植。人力控制方向，使树体垂直入穴，树体尽量与原朝向一致，土球表面应高于地面 10 cm。

（2）拆掉编织网和草绳，修剪受伤和不整齐的根系，用 1∶1 000 高锰酸钾溶液喷涂消毒，并喷洒生根液，同时，在土球上均匀撒施钙镁磷肥。

（3）完成以上工序后，即可回填土，要逐层回填、夯实。

（4）当回填至土球的 2/3 时开始浇水，使回填土充分吸水沉降，再继续填土，然后在外围修一道围堰，再次浇透。

（5）浇完水后注意观察围堰内泥土是否下沉或开裂，有则及时用土填平。

三、移植后养护管理

大树移植，三分靠种，七分靠养，大树移植后一定要加强养护管理。大量实践证明，大树移植之所以成活率低，主要是因为后期管理不到位，尤其是第 1 年管理不到位。

（一）树干支撑

定植完毕后及时设立支撑架固定树体，以防大风天气树体倾斜。宜采用四角钢架支撑固定，支架与树皮交接处用柔软材料衬垫，防止磨伤树皮。

（二）水肥调控

刚移植的大树水分管理至关重要，鉴于春季降雨较多，应做好排水设施，禁止积水，否则会导致土壤透气性变差，阻碍根系呼吸，严重时还会出现沤根、烂根等现象。同时，为了有效促发新根，浇水时可兑国光根盼生根液 2 000 倍液，还可采用输营养液的方式。大树周围应及时松土，保证土壤具有良好的透气性，促进新根萌发生长。

（三）树体保湿

树体保湿主要是对树干和树冠进行保湿，由于是春季种植，雨水多，气温不高，周边楼房较多，仅用防晒布缠绕树干即可。

（四）病虫害防治

大树移植后树势较弱，容易遭受病虫害，要定期进行防治。浙江楠主要的病虫害是黄胫侎缘蝽和枯梢病，可喷洒 8%氯氰菊酯微囊剂 600 倍液、480 g/L 毒死蜱乳油 600 倍液、曹氏甲托（70%甲基硫菌灵）500 倍液防治。

项目完成 6 年来，44 株浙江楠定植成活率为 100%，目前生长旺盛，长势良好，为浙江楠等楠木属珍贵用材树种园林应用提供了良好示范。实践证明，浙江楠大树作为行道树绿化树种，如果用于公园绿地或风景林绿化，生长会更好。因此，珍贵特色乡土树种进入城市绿化是可行的，不仅提升了城市绿化档次，而且凸显了历史文化气息。总结发现，浙江楠大树喜水喜光，怕曝晒，作为城市绿化树种，宜种植在公园绿地、居住区、学校或机关等区域；作为行道树时，宜种植在较宽的绿化带中，商业街道绿化应注意避开西晒，广场种植可以适当密植，相互遮阴，保持湿度。

第四章　闽楠多维研究

闽楠是我国特有的二级珍稀保护树种，属樟科楠属常绿阔叶树种，具有涵养水源、培肥土壤的重要功能。闽楠主要分布在湖南、湖北、浙江、福建、江西、贵州、四川等地，生长较为迅速，树干通直，冠大荫浓，其木材具有香气、纹理直、结构紧密、耐腐且不易变形和开裂，是高级家具、建筑造船及工艺雕刻用材。2013 年，闽楠已被列入国家林业和草原局重点发展的南方集林区珍贵用材树种和国家战略储备林树种之一。成片的闽楠天然林极为少见，加之人为破坏极其严重，从而导致闽楠资源十分短缺，而发展闽楠人工林是解决当前资源短缺的有效途径。

第一节　闽楠生理生态特性及种源试验与家系选择

一、闽楠生理生态特性研究

在光环境的变化中，闽楠幼苗可以采取改变光合特征或者累积不同程度的生物量来适应新的环境。然而，光照强度的削弱会使生物量的积累减少，但生物量地上、地下所占比例不会有显著的改变。所以，闽楠幼树的生存战略是以地上部分生长为主，在全光照条件下采取快速的资源获取和消耗策略，在光照条件不足时采取保守策略进行缓慢的资源获取和消耗。刘宝等学者研究了不同苗龄的生长情况，发现 1 年生闽楠根茎最大可达 0.84 cm，苗木高足有 40 cm，4 年半生闽楠幼树平均树高水平为 2.45 m，最高可达 3.7 m，平均胸径水平是 3.9 cm，最宽达 5 cm，平均冠幅水平为 1.58 m。关于闽楠的光合特性，许多学者在不同光环境下得出了不同的研究结论，展示了闽楠幼树的最大净光合速率、光饱和点、光补偿点、表观量子效率、暗呼吸速率均在不同光环境下产生显著差异，除表观量子效率呈现上升趋势外，各数值随着光照强度的降低而降低。韩文军等（2003）在改变光照强度（5 000 lx），保持 CO_2 体积分数（700×10^{-6}）的环境下，让闽楠生长 3 个月，得出 CO_2 浓度的增加使闽楠叶片中叶绿素含量降低 28.7%，光呼吸速率下降 43.7%，暗呼吸速率下降 95.6%的结论，同时对 CO_2 短期加倍处理，光合速率可上升 21.76%，对 CO_2 长期加倍处理，光合速率可下降 89%。在福建建瓯万木林自然保护区苗圃，钟圣对三年生闽楠进行了关于光环境的研究，发现闽楠可以在弱光环境下生存，但它的光合利用效率和生长速度都较低，所以闽楠更适合在较高的光环境下生长。在冬季的强光照下，闽楠会受到光胁迫，所以在冬季采取一定程度的遮阴能缓解冬季光胁迫对闽楠生长的不利影响。

在对闽楠人工林幼树的净光合速率、蒸腾速率等相关生理生态因子进行研究并绘制光响应曲线的基础上，姚振一得出了闽楠幼树上部叶片和下部叶片的光响应曲线日变化分别出现单峰型和双峰型的变化规律。闽楠幼树上部叶片和下部叶片的四个方位净光合速率、蒸腾速率、水分利用率大小排列顺序是没有特定的规律的。净光合速率、蒸腾速率、水分利用率大小排列顺序分别为西＞南＞北＞东、西＞南＞北＞东，南＞西＞北＞东；净光合速率与光合有效辐射值呈正相关关系，蒸腾速率值也随着光合有效辐射值的增加而增加。王东光等（2013）通过盆栽实验来探究氮素对闽楠生长及光合特性的影响。实验设置组为 0 mg/株、50 mg/株、100 mg/株、150 mg/株、200 mg/株、300 mg/株、400 mg/株、600 mg/株 8 个 N 处理，得出的结论是闽楠的整株生物量（包含苗高、地径、叶面积）随供氮量的增加呈先增加后减少的趋势，当供氮量为 100 mg/株时，闽楠苗高、地径和叶面积达到最大值。随着供氮量的增加，闽楠叶绿素 a、叶绿素 b 和叶绿素总量也呈现先增加后减少的趋势，净光合速率、气孔导度、蒸腾速率和胞间 CO_2 浓度也均呈先高后低的趋势，不同氮含量的处理闽楠光合气体交换参数和蒸腾速率均有显著的差异。

二、种源试验与家系选择研究

进行种源试验的目的是了解种群间在分布区内的变异模式和大小差异，在各分布区内确定最适宜栽植的种源，以提高林木的生产力水平。不同地域的树种在适应能力和生长情况方面均会有明显的差异。所以，进行种源试验，按照地理环境差异选择在该环境下生长情况最佳的种源，是林木良种选育计划的重要一环。研究种源差异为林木改良提供了科学的指导依据。

闽楠生长速度较为缓慢，数据表明，福建明溪 9 年生闽楠，树高 3.52 m，其年均生长量仅为 0.39 m，地径 5.30 cm，年均生长量仅有 0.58 cm。因此，需要加快闽楠栽植培育和遗传改良的进程，在前人早期选择的优良种源和家系的基础上，进一步选择速生且光合作用优良的家系或单株。一般来说，种源试验和家系选择，多性状、多层次评价选择在遗传改良实验中尤为重要。

对于闽楠地理变异模式和规律、种源试验和优树选择，学界已经有了部分研究。喻勋等（2002）开展闽楠种源试验，主要针对的是江西的 5 个闽楠种源，结果表明，江西的龙南、上犹、吉安的种源的苗木生长最好，比宜丰和庐山要高 50%。刘宝等（2007）通过种源试验，初阶段选择了江西龙南、宜丰、吉安、井冈山、上犹和福建尤溪 6 个优良种源，得出闽楠的平均苗高、平均地径的遗传增益分别为19.16%和20.3%；研究发现，闽楠的苗高、地径与区域的经、纬度呈显著的负相关关系。

闽楠的生长量，包括苗高、地径、地上和地下部分干鲜重、一级侧枝数等，在种源家系间都存在显著或者极显著的差异。各性状受遗传力控制比较大，气候因子如温度和无霜期会阻碍闽楠幼苗的生长。江香梅等（2008）对江西和福建13个闽楠种源进行育苗试验，初阶段筛选出了江西龙南，福建王台、西芹等苗期生长较佳的种源，证实了闽楠种子在室内萌发和生根率方面存在明显的地理变异，苗高和地径生长量与纬度之间存在负相关关系，其他生长性状之间都存在着极显著的差异，且各性状的广义遗传力都较高，受遗传力控制较强。刘芳等（2007）对福建省政和国有林场的60株闽楠优树子代进行了遗传变异研究，证明了不同家系间的苗高间存在显著差异，而且受遗传力的影响比较大，1年生的闽楠优树单株子代的平均苗高是0.39 m，苗高变幅为0.11～0.56 m；初步筛选出了14株优良单株，优良单株的平均苗高是0.51 m，平均的苗高遗传增益达30.39%。涂育合等（2016）调查了福建省永安国有林场8年生的43个闽楠家系8个种源的优树子代试验林，发现不同家系间的生长性状均表现出极显著的差异：平均胸径6.14 cm，变异系数23.35%；平均树高4.98 m，变异系数21.16%；平均材积0.0091 m^3，变异系数60.11%；各家系的胸径遗传力是86.22%、树高遗传力是95.43%、材积的遗传力87.85%。之后对各家系的树高、胸径、材积进行聚类分析，得出了能作为闽楠育种的优良家系分别为NP606、NP617、NP607、NP602、Sx04、Yp602、NP608、NP601。罗宁（2014）的研究表明，闽楠不同地理种源的生长性状之间均有着较高的广义遗传力及变异系数，这和其他学者的研究是一致的。还有研究表明，优良的地理种源来自福建明溪、福建永安、福建浦城、江西上饶。

在选择研究优良种源的评价方面，不少学者采用了多性状综合评价的方法，主要是为了规避单一性状对优良种源选择的局限。多性状综合评价方法综合了树高、地径、冠幅等性状表现，为今后优良种源选择和其他树种遗传改良工作提供了伦理上的支持。

三、具体案例

陈倩颖（2017）以福建省永安国有林场、福建省南平西芹教学林场、福建省永林公司吉峰工区三个试验地的 9 年生闽楠家系测定林为试验对象，开展闽南种源家系试验研究。

试验地 1：位于福建省永安国有林场 11 林班 3 小班，东经 117° 35'，北纬 26° 10'。试验地属亚热带季风性气候，土壤以红壤为主，平均坡度为 25° 。试验地于 2008 年 1 月营造，闽楠 43 个家系，8 个种源。

试验地 2：位于福建省福建农林大学西芹教学林场 6 林班 2 小班，东经 118° 01'，北纬 26° 35'，地形为高丘，东北坡向，泥土多为红壤，土层厚度 80 cm。试验地属亚热带季风气候，夏天气温不高，冬天也不会过于寒冷，年均气温 19.3℃，年降水量在 1 500 mm 以上。试验地于 2008 年 3 月营造，闽楠 46 个家系，7 个种源。

试验地 3：位于福建省永林公司吉峰工区 3 林班 6 小班，东经 117° 22'，北纬 25° 55'。该试验地属典型的亚热带季风气候，气候温润。试验地于 2008 年 1 月营造，闽楠 45 个家系，9 个种源。

三个试验地造林当年抚育 2 次、追肥 1 次（6 月）、株施尿素 50 g，距苗干 20 cm 处挖半月形沟施复土。第一次抚育在 5 月份，结合补植，扩穴培土。第二次抚育在 9 月份，全锄培土压青。第 2 年抚育 2 次，追肥 1 次，株施复合肥 150 g，之后每年各抚育一次。

三个试验地的不同种源闽楠测定林所对应的家系代号如表 4-1 所示。

表 4-1　各种源家系代号

种源	家系代号
建瓯 JO	1、2、3、4、5、6、7、8、9
南平 NP	10、11、12、13、14、15、16、17、18、19、20、21、22、23、24、25、26、27、28、29、30
浙江 ZJ	51、52、53、54、55、56、57、58、59、60、61、62、63、64、65
延平 YP	43、44、45、46
明溪 MX	37、38、39、40、41、42
松溪 SX	31、32、33、34、35、36
尤溪 YX	47、48、49、69
三明 SM	50、70
江西 JX	67、68
屏南 PN	66

研究者通过对各试验地闽楠生长指标的方差分析、相关性分析、遗传参数估算，选出三个试验地遗传增益较高的用材家系，并在家系内再选出优良用材单株；通过对闽楠生理特性的探究、方差分析、主成分分析和聚类分析，选出速生且光合利用能力较强的家系。主要的分析结果如下：

通过对三个试验地生长情况的基本描述发现，三个试验地的各种源家系之间均存在明显的差异。从三个试验地不同种源的比较中看出，南平西芹教学林场表现较好的种源是南平 NP、建殴 JO；永安国有林场表现较好的是延平 YP、南平 NP、建殴 JO；永林公司吉峰工区表现较好的是三明 SM、江西 JX、南平 NP。南平西芹教学林场各家系总的平均树高为 8.44 m、平均胸径是 7.44 cm、平均材积是 0.0213 m^3；永安国有林场各家系平均树高为 8.19 m、平均胸径是 9.42 cm、平均材积是 0.0299 m^3；永林公司吉峰工区各家系平均树高为 6.57 m、平均胸径是 8.17 cm、平均材积是 0.0202 m^3。综合来看，永安国有林场的闽楠家系的生长情况优于南平西芹教学林场家系和永林公司吉峰工区家系。

三个试验地不同种源闽楠在树高、胸径、材积方面均存在极显著或显著差异，表明种源间选择潜力较大。南平西芹教学林场各家系间生长性状的差异均达到极显著的统计学水平，说明其生长性状均具有进一步选择优良家系的潜力。永安国有林场的各家系的胸径、材积间差异达到显著的统计学水平，分别为0.012、0.025；永林公司吉峰工区各家系的树高、材积间的差异达到极显著的统计学水平，分别为0.009、0.009；胸径间的差异达到显著的统计学水平，为0.012，说明永安国有林场、永林公司吉峰工区家系间选择具有潜力。

种源各生长性状的多地点联合分析数据表明，树高、胸径以及材积生长量在种源与试验地间的交互作用上均表现出显著的差异（$P<0.05$），说明同一种源在不同的立地条件下的生长表现显著不同，种源生长受环境影响较明显。对于不同地理区域和立地生长条件，闽楠种源在生长特征上的差别更具有选择的意义。

通过对三个试验地各生长性状进行遗传力、遗传增益、变幅等遗传参数估算，得出南平西芹教学林场闽楠家系树高、胸径、单株材积的遗传力分别是0.9463、0.9216、0.9324，树高、胸径、单株材积遗传力控制力极强；永安国有林场中各家系树高、胸径、单株材积的家系遗传力分别为 0.2132、0.4404、0.3954，家系性状受遗传力控制的影响较低；永林公司吉峰工区中闽楠家系树高、胸径、单株材积的家系遗传力分别为0.4484、0.4318、0.4469，家系性状受中等偏上遗传力控制。总的来说，在三个试验地中，南平西芹教学林场生长性状遗传力控制最强，变异系数较小，培育栽种能较好保持原有优良性状。

通过对三个试验地遗传增益的计算，发现南平西芹教学林场有 3 个种源（JO、NP、PN）14 个家系，11 号家系的胸径现实遗传增益最高，达 57.88%，材积的现实遗传增益高达 149.87%；永安国有林场有 4 个种源（JO、NP、YP、SM）12 个家系，15 号家系的胸径现实遗传增益最高，达 22.79%，材积的现实遗传增益高达 52.91%；永林公司吉峰工区有 6 个种源（JO、NP、YP、SM、

MX、ZJ）16 个家系，62 号家系的胸径现实遗传增益最高，达 39.94%，材积的现实遗传增益高达 83.91%。

为了在家系间选择优良单株，研究者将材积的现实遗传增益作为首要衡量标准，从三个试验地得到 25 株优良单株，优良单株的材积现实遗传增益均在 61.15%～226.83%。三个试验地中表现最好的为南平西芹教学林场Ⅱ区 11 号这株，其材积增益高达 226.83%。优选单株可以为营建改良代种子园或进入高世代育种群体提供优良材料。

叶绿素相对含量在三个试验地家系之间的差异均达到极显著水平，变异丰富，家系间选择潜力较大。南平西芹教学林场家系的 3 号、5 号、6 号、7 号和 12 号，永安国有林场家系中的 32 号、51 号、57 号、61 号和 62 号，永林公司吉峰工区家系中的 31 号、53 号、58 号、59 号、62 号和 65 号，能够较好地利用光能进行光合作用。

根据多性状综合分析，从三个试验地中选出优良家系，其中南平西芹教学林场选择的 15 号家系有较强的抗逆性，12 号家系抗寒性较强。永安国有林场选择的 46 号家系有较强的抗逆性，11 号家系抗旱耐盐水平较高，16 号家系抗旱忍耐力较强。永林公司吉峰工区选择的 28 号家系有较强的抗逆性和抗干旱及延缓衰老的能力；3 号家系抗旱忍耐力较强。生理指标上表现的优良家系与多性状综合分析选择出的优良家系相一致，说明酶活性的生理指标的变化也有利于闽楠生长，有利于增强闽楠的抗逆性。

为了对三个试验地的闽楠家系的速生和光合能力进行综合评价，研究者选择了速生型且光合作用较强的闽楠家系作为研究对象。南平西芹教学林场具有较大选育价值的家系包括 4 号、5 号、6 号、7 号、10 号、11 号、12 号、15 号、66 号。树高的平均值为 10.07 m，胸径的平均值为 9.84 cm。永安国有林场具有较大选育价值的家系包括 1 号、3 号、6 号、10 号、15 号、16 号、17 号、20 号、21 号、22 号、32 号、41 号、46 号、50 号、61 号。树高的平均值为 11.52 m，胸径的平均值为 10.08 cm。永林公司吉峰工区具有较大选育价值的家系包括 62 号，树高的平均值为 7.03 m，胸径的平均值为 11.43 cm；其次是 5 号、13 号、26 号、28 号、31 号、 38 号、39 号、40 号、41 号、49 号、50 号、52 号、53 号、56 号、57 号、59 号、60 号、68 号，树高的平均值为 6.62 m，胸径的平均值为 8.22 cm。

研究表明，闽楠地理种源的树高、胸径和冠幅等性状有着较高的广义遗传力和变异系数，这与前人的研究结论一致。黄秀美（2013）经过 5 年调查，对福建省永安国有林场的 8 个种源的闽楠进行了分析，认为闽楠不同家系在树高、胸径、材积生长上的差异达到极显著水平。

第二节　闽楠天然次生林健康经营

一、森林健康概念

20 世纪 80 年代，我国就有报道提及森林受害的问题，但内容主要是围绕酸雨这一灾害所产生的影响。近年来，我国已逐渐认识并接受了森林健康的理念，森林状况和生态环境问题也引起了相关部门的高度关注。我国制定了《中国森林可持续经营标准与指标》，国家林业和草原局在进行第七次全国森林资源清查中，首次增加了反映森林质量、森林健康、土地退化状况的指标和内容，并开展了大量调查、研究，寻找培育多功能、多目标、多样性丰富的健康森林的方法。

2002 年，我国与美国合作开展森林健康项目，在江西信丰、云南丽江、贵州麻江、陕西佛坪 4 个地区建立试验示范区。2004 年后，国家林业和草原局陆续增加试验示范区，批准北京、河北新乐、四川金堂、山东泰安和黑龙江塔河加入森林健康示范区项目。这是我国在森林健康研究方面一次比较全面的探索和实践。

什么样的森林生态系统才算健康的森林生态系统？对于这一问题并没有统一的答案。总体来说，健康的森林生态系统指的是生态系统具有维持其可持续发展的能力和条件，同时又可以保持正常的生态服务功能，满足人类合理的需求。从广义上来理解，这是一个需要恢复的理想化目标。不同学者对森林健康概念的理解也不尽相同。周立江等（2008）认为，森林健康可从狭义和广义两个角度来理解，狭义上的森林健康沿用美国早期研究内容，主要针对林分自身的健康生长与发育，强调无病害和免受自然灾害影响；而广义上的森林健康是针对区域，强调森林健康在满足自身稳定和健康发育的前提下能够满足人类合理的需求。高均凯等（2009）研究指出，森林健康是指森林作为一个结构体，可以保持自身良好的存在和更新，并具有发挥必要的生态服务功能的状态和能力，是具有自然—社会复合性、非线性、多维性和动态平衡性的一个结构体。

随着人们对森林生态系统认识的深入，森林健康的概念渐渐广义化，研究对象也由小变大，从最开始对单一林分的评价研究，逐渐扩展到对森林群落、森林生态系统以及森林景观等复杂系统的深入研究。对森林的要求也逐渐变高，希望其既能满足人类合理的需求，又能保证自身的稳定和健康成长。

21 世纪以来，人们对森林健康的评价不再局限于最初的林火、病虫害以及干旱等胁迫因子对森林的影响上，还涉及了森林生态系统活力、组织力、承载力和恢复力等方面。一般认为，健康的森林生态系统不仅需要具有较好的自我调节能力，能使生态系统处于稳定状态，而且需要具有较好的资源更新能力，在生物和非生物因素（如火灾、病虫害、冰冻等）的胁迫作用下拥有自主恢复力，满足现在及将来人类对森林的经济价值、生态服务等不同层次的需求，还能最充分地发挥森林的生态、社会和经济效益。

随着科技的进步，遥感和地理信息系统技术已被纳入森林生态系统健康研究中，主要用于森林生态系统健康监测。先进技术的引入，极大地提高了研究的效率和准确度，为进行森林健康经营和监测提供了可靠的依据和技术支持。

二、森林健康评价指标体系

森林生态系统健康评价的第一步是构建科学、准确的健康评价体系。评价体系中的指标既可以是一个能够衡量和反映评价现状和目标环境趋势的实体，也可以是一个无法定量测量的术语。

美国林务局将森林健康监测、森林资源评估与森林健康评价相结合，建立了一套相对完善的森林健康评价指标体系。这一体系为生物多样性保护、土壤活力保持、林地生产力维护、水源涵养、森林生态系统健康与全球碳循环六个领域提供了若干指标。加拿大等国家在进行森林健康评价时，建立了从单株树木到整体林分，再到国家尺度的评价体系。加拿大不列颠哥伦比亚省林业部门的科学家和林业从业人员尝试从土壤微生物群落出发进行森林健康评价。不同国家的学者针对森林健康、森林健康评价指标的侧重点各不相同。Forrester 等（2017）研究证明，生物量的变异性同林龄、气候和林分特征相关；Johnson 等（2010）通过对空气污染的监测，探求气候与冠层、森林健康的关系，并证实了气候与森林健康的联系；Kim（2011）的研究认为，树冠的冠幅能够影响树木的活力与树木的生产力；Ostry（2009）提出，树木健康与森林健康的概念常常可以互换，树木是否感染疾病是影响森林健康与否的重要因素；Glover 等（2000）强调了土壤健康是森林健康的前提条件。

国内很多学者根据不同情况也构建了相应的评价指标体系。孔红梅（2002）

对长白山森林生态系统进行健康评价，分别从指示物种指标和功能类指标两个方面总结了 21 项指标，其优点是评价指标可以很好地概括研究区现状，具有代表性，缺点是在评价指标中土壤和动物部分指标所占比例过大。尹华军等（2003）在对亚高山针叶林的健康评价研究中，分别从凋落物、植物群落、土壤和社会经济 4 个方面出发，提出了 14 项健康评价指标，其优点是指标具有针对性，缺点是没有考虑抵抗力和恢复力指标。肖风劲等（2004）从林分结构、林分组成、生物多样性和 NPP（净初级生产量）4 个方面出发，共提出 19 个森林健康评价指标，其优点是充分考虑了生态和环境方面的指标，缺点是没有考虑人类对生态系统的影响指标，且指标获取难度大。李金良等（2004）在对北京地区水源涵养林进行评价时，从结构、功能两个方面出发，提出物种多样性、林分郁闭度、林分蓄积量、群落层次结构、年龄结构、灌木层盖度、枯落物层厚度、草本盖度和病虫害危害程度 9 个指标，其优点是评价指标在群落层次中考虑较全面，缺点是较少考虑诸如生产力、服务功能之类的指标。陈高等（2004）从自然、经济、社会 3 个方面对阔叶红松林进行健康评价，共计提出 64 个指标，其优点是评价指标选取较为全面，缺点是指标过多，数据收集工作量大，应用困难。王亚玲（2005）在对潭江流域森林生态系统进行健康评价时，从自然资源背景、森林生态系统和社会经济 3 个方面出发，提出 17 个指标，其优点是所选评价指标类型多、范围大，缺点是某些指标与森林健康之间的关系尚不清楚，对评估结果影响较大。鲁绍伟等（2006）从林分蓄积量、物种多样性、林分郁闭度、群落层次结构、灌木层盖度、年龄结构、病虫害危害程度和土壤侵蚀程度 8 个指标出发，对北京八达岭林场进行健康评价，其优点是指标易测，数据易获取，缺点是评价指标较少，难以有效反映森林生态系统的真实健康状况。李秀英（2006）对江西信丰、贵州麻江、云南丽江和陕西佛坪项目区进行健康评价，从生产力、组织结构、抵抗力和土壤状况 4 个方面出发，选定 29 个指标构建评价体系，其优点是评价指标全面考虑了功能和结构因素，缺点是土壤状况指标考虑得过于精细，结果易产生局限性。

三、森林健康评价方法

目前，对森林健康评价的方法主要有以下几种类型。

（一）VOR 模型评价法

VOR 模型计算公式为 $HI=VOR$。

其中，HI 代表的是系统健康指数，V 代表森林生态系统活力，O 代表生态系统组织，R 则代表森林生态系统恢复能力。

VOR 模型的缺点是不够灵活，公式型的评价模型过于理论化，在现实中操作起来不太方便。

（二）综合指数评价法

综合指数评价法是以一套科学的森林健康评价指标体系为基础，然后将各项健康指标通过加权平均进行计算，从而构造出一个便于相互之间比较的综合指标，实现了从综合空间角度和时间角度对多因素系统进行评价的目的。综合指数评价法不仅能够全面反映森林生态系统的健康状况，还可以全面反映森林生态系统在受到干扰后的自我修复能力。它适用于所有生态系统，是目前应用较广泛的一种评价方法。

（三）层次分析法

层次分析法（AHP）出现于 20 世纪 70 年代中期，具有系统化、层次化的特性，它是一种将定性与定量相结合的分析方法，该方法主要是通过对复杂问题进行分析，找出待解决问题所包含的要素及其各要素间的相互关系，将复杂问题分解为不同的简单要素，并根据这些要素的隶属性和关联性划分出不同层次，从而构建出一个多层次的分析结构。每一层次需根据特定规则进行计算，任何要素都需要跟同一层次的其他要素进行逐对比较，计算出所有层次全部要素的相对重要性值，可根据重要性权重对它们进行排序、总结，根据排序结果选择解决问题的合理措施和实施规划决策。

层次分析法可以科学地计算评价指标的权重，从而有效地对森林进行健康评价。该方法主要是对专业人员的主观经验进行量化，存在一定的主观性和随机性，因此此方法更适用于复杂情况和数据缺失的情况。

（四）健康距离法

陈高（2003）以模式生态系统集的思想为理论基础，提出可通过健康距离来直观地看出生态系统的健康状况，通过对生态系统进行健康评价来推导出计算公式。健康距离法是将评价目标现在的健康状态与原健康状态（或目标）进行对比，并对变化结果进行总结分析。在运用健康距离法时，所需的健康度量可以用健康损益值，也就是健康距离（HD）来表示。健康距离也就是所需评价的生态系统的健康程度与标准生态系统的健康程度的距离，可以用于评价生态系统的健康程度。通常来说，评价目标健康距离越大，离标准生态系统就越远，表明该森林生态系统越不健康。健康距离法的优点是简单易行、方便操作，缺点是由于评价所用的各项指标需要人为打分确定，因此存在干扰因素，具有一定主观性。

（五）指示物种法

指示物种法主要是通过对森林的部分物种的数量、生产力、结构性和功能性等指标进行描述来分析森林的健康程度，一般被描述的物种有特有物种、关键物种、指示物种、濒危物种等。指示物种法的优点是简单方便，可操作性强；缺点是没有明确的选择指示物种的标准，如果未选择适当的指示物种，则其评价结果会存在偏差。

（六）主成分分析法

主成分分析法（PCA）是一种能够将较多个变量转化为较少个综合变量的方法，该方法可以有效避免重复的原始评价指标，并将影响森林健康的多个原始指标进行总结，生成新的独立主成分。一方面，这些主成分能够尽可能多地反映出原始信息的特征，避免了评价指标体系结构的烦琐性；另一方面，主成分的权重的确定方法是根据其贡献率来决定的，这样的方式比较客观，能够有效减少人为确定权重的主观性，使评价结果更科学、合理。

主成分分析法在实际操作过程中存在一定的局限性：一是对进行分析的样本量要求较高，计算过程比较烦琐，评价结果易受样本量影响；二是该方法是以假设各指标间呈线性关系为前提进行分析的，若各指标间呈非线性关系，则评价结果会出现偏差。

（七）模糊综合评价法

该方法是由汪培庄教授于20世纪80年代初提出，它是利用模糊数学与模糊关系原理，对受到多因素影响的事物作出总体评价。由于森林健康评价具有复杂性和动态性，评价结果会受到多种因素的影响，因此这些因素都难以量化。模糊综合评价法则是根据这些因素及其实测值，利用模糊变换的原理进行综合评价，将原本定性的指标定量化，较好地减少了评价标准模糊和检测误差对评价结果的影响，因而能获得较为准确的评价结果。

与主成分分析法相对比，模糊综合评价法的评价指标可能会存在信息重复、权重趋于主观的问题；隶属函数的确定需要针对每个目标、每个因素，这不适用于多目标评价模型，因为对于多目标评价模型来说，隶属函数可能难以确定，且工作过于烦琐。

（八）人工神经网络法

人工神经网络（ANN）是从信息处理的角度将人脑的神经元网络抽象化，创建出一个简单的模型，并以不同的方式将神经元连接到不同的网络，在此基础上，可以模拟生物神经网络机制来实现某些功能。人工神经网络法的主要缺点是它无法解释其推理过程和依据，不能与用户交互，且必须在数据充分的情况下进行计算。在此过程中，所有推理和问题都被数字化，这不可避免地会导致信息丢失。

四、森林经营理论

森林经营理论是通过对森林活动进行长期监测，以对森林生长、演替、发展的规律的认识和理解为基础，结合相关森林经营的理论方法和技术提出的总结性理论。许多森林经营理论都以实现森林健康为目标，同时为实现这一目标提供科学的方法与技术支持。

德国人卡洛维茨（Hans Carl von Carlowitz）在 1713 年首次提出了森林永续利用原则和人工造林的想法，也是因为此观点的提出，他被称为“森林永续利用理论”的创始人。德国后期开展的追求永续的森林恢复运动也受到了卡洛维茨森林永续利用理论的影响，因此“森林永续利用理论”的出现也促进了近代林业的兴起。

1795 年，德国林学家哈尔蒂希（G. L. Hartig）提出，在进行森林经营时应控制森林的采伐量，以保证后人也拥有同现在一样足够的森林资源，这为后来的“法正林”理论提供了基础。1826 年，德国森林经济学家洪德斯哈根（Johann

Christian Hundeshagen）提出了“法正林”理论，“法正林”理论要求在一个层次上，设置标准林分作为参考标准，每一林分都需符合这一标准，并且需要具有最高的木材生长量；同时不论林分的林龄是否相同，在面积和特定的顺序上应是一致的，因此必须永久地从森林采伐相同数量的木材。这意味着森林永续经营理论的形成。随后，在1841年和19世纪末20世纪初，海耶尔（C. Hayer）与瓦格纳（C. Wagner）分别对“法正林”理论进行了补充与完善，补充说明了实施法正林的条件以及实现永续生产的模式标准。“法正林”理论经过几十年的补充与完善，逐渐成为森林经营中永续和均衡利用方面的经典理论。森林永续理论所追求的是森林蓄积的可持续利用，其重点是对木材生产进行经营，但对森林生态系统的其他功能有所忽视，并没有重视到森林的稳定性，没有实现真正的可持续经营。

哈根（von Hagen）于1867年提出了著名的“森林多效益永续经营理论”，他认为，在森林经营中，应注意平衡木材生产与其他林产品的需求，平衡当前需求与长期需求，并重视森林在其他方面的服务目标。1953年，林业政策效益理论被德国林业政策学家第坦利希（V. Dieterich）提出，他认为国家应该大力支持发展林业，同时指出林业发展的两大目标是木材生产和社会效益服务，二者缺一不可。1960年，美国政府颁布了《森林多种利用及永续生产条例》，该条例明确说明，在实行森林多效益综合经营时，必须以森林多效益理论与森林永续利用原则为指导。指导思想的转变与条例的颁布，标志着美国的森林经营思想发生改变，由最初的以追求木材生产量为主的传统森林经营逐渐转变为支持经济、社会、生态效益多方面相结合的现代林业的发展。1975年，德国政府颁布了新的森林法——《联邦保护和发展森林法》，此法案引入了森林多效益永续利用原则，正式制定了森林经济、社会和生态三大效益一体化的林业发展战略。

随着环境的恶化，人们对森林的认识逐渐发生改变。1976年，美国联邦政府颁布了《国家森林资源管理法》，该管理法明确表述了应以森林的综合利用和可持续生产为基础，对木材生产进行集约化经营，森林的集约经营不仅需要兼顾经济和环境效益，还需要保障森林的生态效益和社会效益。

1898年，德国学者提出"近自然林业理论"，近自然林业理论不是简单的要求森林回归到天然状态，而是通过林分建立、抚育和采伐等方式，促使天然森林群落逐渐向接近生态自然的状态生长，利用人工辅助的方式帮助恢复森林群落中的天然物质，以求实现森林群落的动态平衡。近自然林业理论的提出标志着德国林业发展理论新阶段的形成，也是当今世界林业发展理论的重要组成部分。德国于1983年在原有的森林资源监测网络中增加了森林健康评价和监测，通过对固定样地的长期监测，观察森林经营措施的实施情况，对其合理性与科学性进行检验，寻找出其中不足并对经营措施进行改进。

1992年，联合国在巴西里约热内卢召开环境与发展会议，会议上通过了以可持续发展为核心的《里约环境与发展宣言》和《21世纪议程》等文件，标志着森林可持续经营的研究进入了实质性阶段。此次会议对全球可持续发展问题进行激烈讨论，一致认为可持续发展已是世界各国经济发展的共同指导思想。同时，会议强调生态环境保护的主导是森林资源可持续发展，森林资源的可持续发展也是经济可持续发展的重要组成部分。森林资源是促进经济发展和保护所有生物不可或缺的资源，应采用可持续方式对森林进行经营管理，促进森林健康，满足当代和未来几代人在社会、经济、文化和精神方面的需要。随后，可持续发展的经营理念一直延续至今。

我国森林经营从新中国成立至20世纪70年代末一直处于木材利用的发展阶段，其主导思想为追求木材生产量的纯木材砍伐。从20世纪70年代末至90年代末，我国开始重视生态建设，处于以木材利用与生态环境建设同时兼顾的发展阶段，但还是偏向于木材的利用，要求森林经营必须确保木材足够的供应。1998年至2005年，天然保护林项目启动，我国森林经营以加快造林绿化，增加森林面积为指导思想，处于以生态建设为主的发展阶段。2005年至今，我国已处于坚持强化森林经营的建设阶段，森林经营以科学经营为主。总体来说，我国森林经营目标实现了从单个目标到多项目标发展，经营理念从单一永续转向多目标可持续发展，随着人们对森林认识的逐渐加深，森林经营随之逐渐深化、完善。追求森林的可持续发展已成为21世纪生态文明建设的重要组成部分。

当今在林业领域发达的国家所实践的森林经营更注重森林的多重效益和可持续经营，总结归纳起来主要有三种模式：森林多效益综合经营模式、三大效益一体化经营模式、森林多效益主导利用经营模式。纵观森林经营理论的形成和实践发展过程，不同阶段所产生的森林经营理论都是人类对自然系统新的认识和理解，体现了林业新的目标与追求。无论哪一个国家，森林经营必须有利于森林发挥生态效益、社会效益和经济效益三大功能，并使之与经济、社会的发展相协调。

五、闽楠天然次生林健康经营主要对策

森林健康是一个动态变化的过程，不会永恒不变，人们可以通过合理、科学的经营措施改善森林健康状况。森林健康经营是一个开放、复杂和全面的系统性科学，致力于经营森林资源、维护或促进森林生态系统的健康和完整性、生物多样性，以及提高生产力的森林经营体系的研究，本质是为了维持长期健康的森林生态系统和持久的林地生产力。

闽楠天然次生林属于生态公益林，其目标主要是保存物种资源、保护和改善人类的生存环境、维持生态平衡，在经营方面也应以丰富物种多样性、提高生产力、营造良好的林分结构和增强林分活力为目标。综上，以前文对森林健康评价结果及分析为基础，结合实地调查提出健康经营的主要对策，为闽楠天

然次生林森林健康经营提供参考。

（一）提高林分活力

1.提高单位面积蓄积量和林木生长势

蓄积量在闽楠健康评价中占据重要地位，引导闽楠天然次生林向健康发展需着重提高林分蓄积量。如果闽楠天然次生林中单位面积蓄积量整体偏小，则可能是因为闽楠天然次生林总体上未达到演替后期，其单位面积蓄积量仍不理想。应加强林分的调整，在密度较低处适当补植闽楠，在密度较高的地方适当进行疏伐，伐去生长不良或有病虫害的林木，通过调整林木空间结构，促进林木生长。同时，对幼苗幼树采用穴抚的方式，清除周边影响其生长的灌木、藤条和杂草，并进行培土，通过改善其生长环境，提高其保存率和生长速度。这样有利于提高单位面积蓄积量和林木生长势，以提高林分的整体活力。

2.合理调整林分郁闭度

林分郁闭度对下木层的光照情况产生直接影响。如果郁闭度过大，则林下光照较低，下木层和林下植被就汲取不到充分的阳光，此时会限制下木层的光合作用，致使其竞争力降低，影响林分生长力；如果林分郁闭度过小，则会使土壤因长期光照直射而干燥缺水，此时会影响下木层、低矮灌木的生长以及种子的萌发。

对于林分郁闭度低的，可通过补植等措施提高郁闭度；对于林分郁闭度高的，可按照“留稀砍密、留优去劣”的原则，进行适当的择伐，伐除一些次要树种的霸王树，以及树干弯曲生长不良的林木，使林分郁闭度维持在 0.7 左右。

3.促进天然更新

对幼苗幼树过稀或更新能力较差的区域进行人工补植闽楠；对幼苗幼树较密的地方，按“留优去劣”的原则及时进行定株，并采用穴抚方式，进行割灌除草，减少灌草与幼苗争夺生长所需的养分，改善其生长环境，促进幼苗幼树的生长。此外，对凋落物较厚的林分，宜进行块状清理，减少凋落物，使种子与土壤接触更紧密，以提高种子萌发率，促进其天然更新。

（二）优化林分结构

良好的林分结构有利于闽楠向健康状态发展。林分结构主要体现在群落结构、林层结构、树种结构和径级结构上，而闽楠天然次生林在这些方面均存在不理想的地方，需要通过综合措施优化调整其林分结构。例如，可以通过适当疏伐或补植，调整树种的比例、生态位以及大小结构，逐步改善树种结构和径级结构，以形成较典型的异龄林。同时，在优化调整林分结构过程中要注重尽量降低对林下植被的破坏程度，使林分具有乔木层、下木层、地被物层多层次结构，形成完整的群落结构。

（三）增强林分稳定性

1.建立森林病虫害预防体系

尽管天然林自身抗病虫害能力较强，但也不能排除闽楠天然次生林遭受较严重病虫害的可能性，因此仍应做好病虫害预防工作。加强虫害检疫、监测等基础设施建设，科学砍伐林内的受灾木、风折木等，及时清理林内病源木和隐患，降低虫害发生、蔓延概率，提高森林的健康状况；同时要对患病虫害的物种进行检疫和长期监测，根据检疫和监测结果，采取相应生物措施进行必要的治理与预防。最终通过长期的森林健康经营，对林分结构进行科学调整和合理布局，逐步提高森林病虫害的自我防治能力。

2.建立森林火灾预防体系

在森林火灾易发的危险区，种植多层阻火林带，或是留有消防通道。加强对森林防火的宣传教育和培训工作，提高林场工作人员和周边居民的防火意识；学习和引进国外先进的防火技术，有效提高森林防火的科技水平和综合能力。

3.提高物种多样性

提高物种多样性对保持群落的稳定性具有积极作用。要想提高闽楠天然次生林物种多样性，就要在保证闽楠为优势种群的条件下，尽量保持林分具有较多的树种，同时要尽量减少对林下植被的破坏，以提高物种多样性。

（四）维持林分持续性

1.促进林分正向演替

闽楠天然次生林自然度主要介于Ⅱ级和Ⅲ级之间。对于自然度为Ⅱ级的林分，应采用封调模式，通过调整密度和结构，同时进行必要的人工辅助措施，促进林分向更接近顶极群落的方向演替发展。对Ⅲ级或更低级自然度的林分，在采用封改时，应通过人工引入演替后期或顶极群落乡土树种的方法，来提高森林结构的丰富度、物种多样性和生态系统的稳定性，促进林分正向演替。

2.维护和提高林地地力

森林通过凋落物归还养分，这对维护和提高林地地力具有十分重要的意义。在经营过程中，要注重加速凋落物的分解，促进林分的养分循环。同时，也应使林下植被保持较大的盖度，以减少水土流失及养分的流失，维护和提高林地地力。

3.保护闽楠母树

闽楠母树对更新贡献最大，因此应加强对母树的保护，保证林分有较充足的闽楠种子，促进林分的持续性发展。

（五）加强健康经营宣传

当前，人们对森林健康的认识还不是很深，认同感也还不足。林业科研工作者应进一步加大对当地闽楠天然次生林多种效益的研究力度，关注与公众健康有关的指标，如空气负离子与人类健康的关系，逐步让公众了解森林健康的理念、状况，引起公众对森林健康的重视；重视培养公众参与生态环保与林业建设的意识，通过开展宣传演出、专家宣讲和发放宣传材料等方式，使公众了解病虫害及林火等因素对森林生态系统的危害，认识森林健康经营的重要性。

（六）注重管护与监测

各地林业部门要严查破坏闽楠天然次生林的不法活动，实现对闽楠天然次生林的有效保护；要认真贯彻执行林业方面的法律、法规及相关规定，完善机构，健全体制，坚持依法治林。各级政府应做到有法必依、执法必严，严厉打击各种破坏森林的不法行为，维护森林健康。要在制度上健全合理执法体制，同时要求执法人员不断学习业务知识，提升执法人员的综合素质和能力。

加大有关林业法律的宣传力度，强化公众的法治观念，提高人们的保护意识，从而减少公众对闽楠天然次生林的破坏，保证苗木向健康状态发展。在提高全民法治观念的基础上，将执法内容公开化、透明化、法治化，鼓励公众对执法人员进行监督，完善监督制度。

生态系统是一个不断演化的动态系统，只有进行长期的观测与研究，才能全面、深入了解林分状态。森林健康的结果也不是一成不变的，随着林分的生长，各个指标会发生变化。因此，要对森林健康各因子进行监测，及时发现问题，调整相应的经营措施，促进森林向健康方向发展。

第三节　闽楠幼树高空压条繁殖技术

一、压条繁殖研究

压条繁殖按照处理方法的不同，可分为3类，即横向压条法、直立压条法和高空压条法。

横向压条法是指将母株外围的枝条弯曲呈弧形，把下弯的突出部位刻伤，也可以不做刻伤处理，然后将该部位埋入土中，并且将下弯部位固定，待其生根后便可以剪离母体，移栽。它适用于一些枝条长并且柔软的植物。

直立压条法适用于一些丛生性强，枝条坚硬、不易弯曲的落叶灌木，在适当时期对枝条下部距地面一定距离处进行环状剥皮，然后在母株周围培土，将整个株丛的下半部分埋入土中，并保持土堆湿润。待其充分生根后到来年早春萌芽以前，刨开土堆，将枝条自基部剪离母株，进行移栽（张帅等，2013）。

高空压条法，是对母株上的枝条在适当部位进行切割或环状剥皮，再把装满湿润基质的塑料袋包在割伤处，然后在塑料袋中填充潮湿的苔藓或蛭石等，上下捆紧，保持塑料袋内基质湿润，促使枝条包裹部分生根，形成独立的新植株的繁殖方法。高空压条法的主要原理是利用枝条的木质部仍与母株相连，从根系吸收的水分和营养仍可将枝条中央的髓输送给环剥口上端的枝条，使枝条不会因失水而枯死，而且受伤部位易积累上部合成的营养，形成愈伤组织和不定根，待生根后剪离，栽植成一独立新株。其多应用于部分木质坚硬、枝条不易弯曲的植物，或树冠太高、基部没有可供压条的植物，以及珍贵的植物。高空压条法操作简便，容易保持母本的优良特性，变异率低，且可以缩短育苗周期，造林后投产早，能加速发展优良品种，是一种适用范围很广的育苗繁殖技术。高空压条繁殖技术的好坏由育苗成活率的高低来评测，而压条的成活受到植物本身遗传特性、压条季节、枝条类型、造伤方法、植物生长调节剂类型和浓度，以及基质种类和包裹基质水分供应等因素的影响，压条成活的标志是不定根的产生，影响不定根产生的因素除了植物本身的特性，如枝叶会合成、储存植物所需营养物质以及合成各种激素调控植株生长发育，还会受外界胁迫、造伤、激素等先决因素的影响。

关于压条成活影响因素的研究有很多，下面对各影响因子进行概述。

（一）遗传特性的影响

不同科属的植物压条生根成活率会有所不同，同科不同属压条生根成活率也存在差异，同科同属植物因种源地不同在压条后生根率也不尽相同，母株自身遗传特性是影响压条生根的重要因素之一，如藤黄科植物红厚壳（*Calophyllum inophyllum*）在高空压条试验中不用激素处理，生根率便可达到 100%；而铁皮树科青皮木（*Schoepfia chinensis*）用 IBA 处理后压条生根率为 83%；桃金娘科丁香（*Syzygium aromaticum*）用高空压条生根剂促进后，生根率为 10%～100%。在对以黄藤（*Daemonorops margaritae*）、版纳省藤（*Calamus nambariensis*）、单叶省藤（*Calamus simplicifolius*）的萌条为试验材料进行高空压条试验时发现，版纳省藤在 3 种棕榈藤植物中生根率最高、根长最长，黄藤的根长、生根数、生根率都为三者最低，单叶省藤生根数最多；在对金缕梅科半枫荷（*Semiliquidambar cathayensis*）进行高空压条试验研究时发现，压条环剥宽度为 15 mm 时在环剥口上端涂抹 100 mg/L 6-BA，并用泥炭∶珍珠岩＝3∶1 的混合基质包裹后，生根率可达到 90%（陈长青，2019）。可见压条生根难易度和压条材料本身特性有着重要联系。

（二）压条时期的影响

压条时期的选择是育苗成活率的影响因素之一，一般来说在植株生长期内均可进行高压繁殖，但根据不定根的生长来看，不同植株有着不同的压条时期。江建波和谢继红（2019）在对黑珍珠莲雾（*Populus qiongdaoensis*）进行高空压条技术研究时发现，4～10月压条生根效果较好，其中以4月压条生根率最高，为82.22%；而王永林（2015）通过对莲雾（*Syzygium samarangense*）高压技术的研究，发现9月份处理的苗木生根率明显高于10月底处理的苗木，高热潮湿的条件更有利于压条生根；罗会江和刘志军（2015）的高压繁殖日本红枫（*Acer palmatum*）的研究表明，4～6月、8月底到9月初是高压繁殖的最好时期；张丽红等（2017）对青皮木的空中分段压条繁殖技术的研究表明，青皮木秋季压条生根率显著高于春季；易米平等（2011）的研究表明，杂交榛（*Corylus heterophylla*）在7月份的压条生根指数极显著，高于6月和8月；翁楚雄等（2018）对四季无忧花的高空压条繁殖的研究表明，2月份压条生根效果最佳，10月份压条生根效果最差；傅建生（2000）对广玉兰（*Magnolia grandiflora*）进行高空压条试验，结果表明4月上旬至5月上旬是压条的最佳时期，此时树液流动旺盛，有利于剥皮和压条生根；戴忠孝（2012）研究发现，在7～8月中旬对葡萄（*Vitis vinifera*）进行高空压条繁殖，可使压条生根率超过95%。不同植物的生长旺盛期有所不同，不同地区的气候条件也存有不同，因此压条日期的选取要考虑当地的气候及植物的生长旺盛时期。

（三）枝条类型的选择

母树枝条的木质化程度与压条生根指数息息相关，一级枝与二级枝木质化程度存在差异，同级枝的基部、中部木质化程度也有所不同。枝条的木质化程度过高不利于不定根的产生，木质化程度过低，则易使环剥口被感染，枝条枯死。林秋梅等（1991）在肉豆蔻（*Myristica fragrans*）高压技术试验中，选取第 3 轮以下 0.8～2.0 cm 的健壮母枝；傅建生在广玉兰高压繁殖时选用 160～200 cm 高且分枝密的健壮母树；张军（2013）在红厚壳高空压条繁殖试验中，选取 3 年生母株，枝条直径为 1.0～1.5 cm；周婧（2005）在竹柏（*Podocarpus nagi*）的高空压条繁殖试验中，选取树冠中下部 1.5～3 cm 的健壮侧枝；冯桂朝和齐宜国（2000）在对桑树（*Morus alba*）进行高压技术研究的试验中，选用当年生 3 月份利用壮苗栽植发出的新条；农国英（1999）在荔枝（*Litchi chinensis*）高空压条繁殖试验中，选择 1～2 年生、长势一致的健壮母枝进行压条；胡金鑫等（1997）认为桂花（*Osmanthus fragrans*）在高空压条繁殖育苗时选取树冠中部外围的 1～5 年生健壮枝条较好；王世敏等（1995）在丁香高压繁殖试验中，将 1962～1972 年定植的长势一般、树龄大的结果树，10～12 年生结果树和 20 龄高产结果树作为母树，分别在春末、夏初和秋末三个时间段选取抽新梢前的枝条作为压条母枝，结果表明 1962～1972 年定植的树龄大的结果树母枝不生根，10～12 年生结果树生根率 10%～30%，20 龄高产结果树生根率 20%～100%。

（四）植物生长调节剂的影响

高空压条试验中使用植物生长调节剂可以促进生根，增加生根数，提高生根速度和生根成活率。不同的植物生长调节剂对生根有不同的促进作用，同种植物生长调节剂的浓度对压条生根所起的作用也大不相同。植物生长调节剂在高空压条繁殖技术中的影响已有很多研究。张丽红等（2017）对青皮木的空中分段压条繁殖技术的研究表明，采用 IBA 800 mg/L 处理压条生根率最高；朱李奎等（2017）在银杏（*Ginkgo biloba*）高空压条试验研究中发现，ABT1#生根粉最佳浓度为 1 000 mg/L，生根率可达 50%；陈白冰等（2009）对日本樱花（*Cerasus yedoensis*）高空压条繁殖技术的研究表明，200 kg/L 的

3 号生根粉和萘乙酸分别对根长和根数影响最好，平均根长可达到 103.81 cm，平均根数可达到 86.2 根；肖顺斌等（2011）对蜡梅（*Chimonanthus praecox*）、白玉兰、桂花进行高压生根试验，研究表明 500 mg/L 的 IBA 对蜡梅压条生根效果最好，300 mg/L 的 IBA 对白玉兰生根效果最好；张帅等（2013）对蛇皮果（*Salacca zalacca*）高空压条繁殖试验研究表明，500～1 000 mg/L ABT1# 生根粉对压条生根效果明显，高达 100%，其中当 ABT1#生根粉为 750 mg/L 时压条生根数最多，为 6.2 条；陈萍等（2008）在对荔枝的高空压条研究试验中发现，IBA 浓度为 50 mg/kg 时压条的生根数、根长、根粗均达到最佳水平；翁楚雄等（2018）在四季无忧花的高空压条繁殖中，选用生根粉和 802 生根剂两种生根剂，浓度为 3 000 倍，研究结果表明两种生根剂生根率均超过 90%，分别为 90.6%和 93.3%。可见，植物生长调节剂种类及浓度不同时，植株生根效果也会有所差异。

（五）包裹基质的选择

高空压条试验中，包裹基质一般选择透气性、保水保肥性好的纯有机质或有机质与黄心土的混合基质。植物枝条本身的特性及承受能力不同，在压条试验中所选择的包裹基质也有所不同。基质为不定根提供生长环境，适宜的堆积密度和孔隙度为不定根的发育创造良好的水气平衡。王永林（2015）对莲雾的高压技术研究表明，以牛粪∶黄壤∶锯末＝1∶3∶1 的配比最佳；陈彧等（2019）将新鲜牛粪、泥心土及椰糠以 1∶3∶1 的比例混合后用作琼岛杨（*Populus qiongdaoensis*）的压条基质，同样有着较好的生根效果，生根率为 68.89%；陈祖瑶等（2013）对中国樱桃玛瑙红做高空压条育苗试验，结果表明用 0～20 cm 土层相对含水量 70%的消毒表土或 40 cm 土层以下的不消毒土作压条基质，压条苗成活率在 90%以上，有效根数多，且根系长度多在 7～11 cm；覃振师等（2006）对澳洲坚果（*Macadamia ternifolia*）的高空压条试验表明，将泥团与木薯皮按 1∶1 比例混合的生根效果最佳；张俊林等（2016）在北美冬青（*Ilexverticillata*）结果枝高空压条试验中发现，将泥炭和珍珠岩以 3∶1 的比例混合，保水和透气效果好，生根率可超过 90%；刘潇潇等（2018）在龙船花（*Ixora chinensis*）高空压条繁殖试验中发现，选用泥炭、锯木屑、水苔和珍珠岩 4 种包裹基质的生根效果最佳，生根率达 53.33%，平均生根数和平均根长分别为 3.03 cm 和 3.54 cm。除了选好包裹基质，在包扎前，还要对基质进行灭菌处理。

二、闽楠无性繁育研究

（一）闽楠扦插繁殖技术研究

传统闽楠育苗依靠林木有性繁殖产生的种子。21 世纪初，随着闽楠良种选育的兴起，无性繁殖研究也开始起步。2006 年，雷凌菁首次报道了闽楠扦插繁殖的研究结果，认为扦插所选基质、母株年龄和扦插时间对闽楠生根率及根的生长产生显著影响，不同生根促进剂的浓度对闽楠生根率及根的生长无显著的影响。申展等（2013）对不同因素对闽楠嫩枝扦插生根的影响进行了试验，研究表明，不同的插穗、生根促进剂浓度和插穗浸泡时间对闽楠嫩枝扦插的生根率和根长均有显著影响，最好的组合方式为选取当年实生苗茎段，浸泡在质量浓度为 200 mg/L ABT1#生根粉溶液中 9 h，扦插后 60 d，生根率达到 93.3%。同年，王东光也从基质、温湿度、植物生长调节剂种类和浓度、扦插时期、不同采穗部位及留叶方式等方面对闽楠嫩枝扦插技术进行了比较系统的研究，结果显示，闽楠嫩枝扦插生根最佳基质为 50%泥炭＋50%蛭石；环境日均温处于 25～33℃时，有利于嫩枝插穗的成活；对不定根形成促进作用最大的是 IBA，且当为 IBA 浓度为 1 000 mg/L 时最有利于插穗生根；在 4 月份生根效果最好；

最佳留叶方式为穗条上部留 3 片半叶。陈明皋等（2014）对闽楠嫩枝进行扦插研究，发现闽楠无性系扦插生根有皮部生根和愈伤组织生根两种，且大部分为皮部生根。罗春平和刘志军（2015）对闽楠嫩枝扦插繁殖生根的影响因素进行了研究，发现 150 mg/L ABT1#生根粉对插穗生根影响最大，生根率为 67.4%。邹清华（2017）在不同轻基质和消毒剂对闽楠扦插生根的影响的试验中发现，泥炭∶锯末∶红心土∶过磷酸钙＝1∶3∶4∶1 且与 2 g 多菌灵混合最有利于扦插生根。范剑明等（2017）在对闽楠嫩枝扦插生根效果进行研究时发现，春季、秋季生根率可超过 70%。吴小慧等（2019）从插穗选取部位、留叶数和枝条长度 3 个因子出发，通过正交试验研究了扦插苗生根生长和理化特性，发现选 10 cm 留 2 叶枝条中部的插穗生根效果最佳，MDA（丙二醛）含量、SOD（超氧化物歧化酶）活性、PPO（多酚氧化酶）活性是插条生根的重要影响因子。由此可见，以幼龄苗木茎段为材料的闽楠扦插技术研究已相对成熟。

（二）闽楠组织培养技术研究

闽楠的组织培养再生技术研究较扦插繁殖的时间晚。曲芬霞和陈存及在 2010 年对闽楠离体快繁技术进行探究，结果显示春季接种的诱导率高，褐化率低，分别为 95.8%和 6.5%；茎段为最优诱导部位，诱导率可达 89%；MS＋6-BA 2.0 mg/L＋NAA 0.5 mg/L，诱导率高达 100%；最优分化和增殖的培养基为 BA 2.0＋NAA 0.1 mg/L，1/2MS＋IBA 0.5 mg/L 培养基，生根率为 98%。肖业玲等（2020）以近成熟的闽楠果实为试材进行组织培养，探究子叶对胚褐化的影响作用，不同浓度的 IBA、抗褐化剂分别对胚萌发率和微扦插的无菌苗生根率的影响，研究结果发现胚褐化的主要部位是子叶，萌发率和生根率最高的培养基分别是 1/2 MS＋0.2 mg/L IBA＋2 g/L PVP、1/2 MS＋1.5 mg/L IBA＋2 g/L PVP。

（三）闽楠嫁接技术研究

嫁接育苗技术作为无性繁殖技术中的一种，最初用于木本植物的育苗，后普遍用于蔬菜作物预防病害研究中。随着嫁接技术研究的不断深入，在楠木小苗上也得到应用，曾武等对茎粗大于 0.3 cm 的闽楠实生苗进行嫁接处理，结果发现穗条选择半木质化带叶的枝条进行劈接或切接的方法，嫁接成活率可超过 83%，并且选择秋季嫁接更有利于伤口愈合。嫁接成活苗抽梢 2 次，苗高达 30 cm 后即可出圃。砧木和接穗伤口的切合、愈合期及愈合后的管理仍是闽楠小苗嫁接成活的关键点。

三、闽楠幼树高空压条繁殖影响因素

压条季节是影响植物生根效果的重要因素之一。在闽楠压条季节效应试验中，春季和夏季压条生根率显著高于秋季和冬季，春季或夏季压条可有较好的生根效果。该结果与前人对蛇皮果、四季无忧花和北美冬青高空压条的试验研究结果相近。由此可见，虽植物种属不同，但春季或夏季为压条繁殖的适宜季节。秋季和冬季压条 3 个月内未生根，而 6 个月后压条生根，可能是因为秋冬季雨水减少，营养物质累积降低。6 个月后秋季和冬季的压条虽生根，各生根性状与春季和夏季处理的压条无显著差异，但生根率仅为 18%和 19%，是夏季压条生根率的一半，可能是由春季和夏季树体正抽梢，营养供应不足所致。2018 年 9 月（秋季），在广东省梅州市平远县进行的包裹基质水分供应试验中，不浇水处理的压条生根率能达到 75%。由此可见，春季和夏季为闽楠压条的合适季节，而所选压条试验地不同，也会使压条生根效果有所差异，应对闽楠各试验地进行高空压条、压条季节的深入研究。

在对闽楠高空压条枝条等级和造伤部位的研究中，选择枝条基部进行压条生根效果较好，这与对椴树属欧洲椴树、南京椴（*Tilia miqueliana*）和紫椴（*Tilia amurensis*）等植物压条和扦插等繁殖技术不同造伤部位生根研究结果相反，认为环剥或扦插部位生根效果中部＞上部＞下部（基部）（葛萌等，2019；杨虹等，2010；耿力，2011）。同时与以往对青海云杉（*Picea crassifolia*）扦插研究结果一致，认为一级侧枝生根效果好于二级侧枝，下部枝条根系效果指数和生根率指标好于上部（王军辉等，2005）。因枝条不同部位存在的营养物质和根原基有所差异，故枝条选取的部位不同对压条生根效果的影响也不同。枝条基部因树体枝叶的遮蔽，接受的强光照射较少，促生根物质有利于合成，枝条个体发育较上部幼嫩、养分充实，更易于外生根形成；枝条基部新芽萌动较中上部晚，养分消耗较少，有利于根系生成。因此，选择枝条基部进行造伤时，茎中的分生组织活性能尽快恢复，更有利于不定根的生成。

研究结果表明，使用 1 000 mg/L ABT1#生根粉作为促根生长调节剂时，闽楠高空压条生根率最高，这与朱李奎等对银杏高空压条试验结果一致，与张帅等对蛇皮果高空压条研究试验中所得结果相近（朱李奎等，2017；张帅等，2012）。这表明，ABT1#生根粉是影响闽楠高空压条生根的重要因素，涂抹生根粉能显著提高压条的生根率，对压条根系的伸长生长起到显著的促进作用。适宜的浓度生根粉处理会引起植株体内内源激素的变化，可促进压条愈伤组织和根原基的形成。

促根生长调节剂试验结果显示，使用 1 000 mg/L NAA 压条生根率最高，为 54.67%，1 500 mg/L NAA 处理下压条最大一级根长、根鲜重和根干重 3 个指标表现一致，均高于对照组且为各处理组间最佳。由此可见，NAA 最适合作为闽楠高空压条的生长调节剂，这与陈白冰等对日本樱花高空压条的研究结果一致，NAA 处理的根长最大和根数最多。处理间的整体效果为 IBA＞NAA＞IAA，这与 Kamila 和 Panda（2019）认为 IBA 对轮叶戟（*Lasiococca comberi*）生根效果最佳的结果相近。这里 3 种促生长调节剂不同浓度处理对闽楠压条生根数和一级根总长的影响不显著，可能是由于闽楠是难生根树种，其植株体内 PPO 活性低，当外源激素进入植株体内时催化生长素和酚类物质形成的“IAA-酚类复合物”较少，对不定根的形成促进作用较弱，并且在不定根形成过程中，植株体内酚类物质含量下降（李明等，2001），从而使压条不定根根长生长状况较差。同时，闽楠植株体内的 IAAO（吲哚乙酸氧化酶）、POD 活性较易生根植物高，可能会降解涂抹的 IAA，不利于压条生根及根系生长；由于伤口为全环剥，枝条受迫害后体内 MDA 含量增加，作为诱导酶的 POD 作用减弱，细胞分化为根能力降低。而 IBA 被涂抹于环剥伤口后传导扩散性差，不易被植株体内的酶系统氧化，亦可在枝条内部转化为 IAA，故对压条生根的促进效果更为持久，这也是 IBA 不同浓度处理的压条整体生根效果最佳的原因之一，但闽楠压条自身为皮部生根，因此 IBA 的涂抹对压条不定根根长的促进作用不明显。

基质作为压条生根的影响因素之一，其成分和配比影响着压条质量。包裹基质的通透性及保水保温性能影响着闽楠压条的愈伤组织形成和生根。目前多采用混合基质的形式进行苗木培育，泥炭、椰糠、珍珠岩等较为常见。

在闽楠高空压条基质种类试验中，从根系效果指数来看，将黄心土、土与椰糠 1∶1 混合基质、纯泥炭基质 3 个处理作为压条包裹基质时，所有处理间表现最佳。但土与椰糠 1∶1 混合基质和黄心土处理下的压条平均根粗和移栽成活率较纯泥炭基质处理下的压条效果好，综合来看将土与椰糠 1∶1 混合基质和黄心土作为闽楠压条的包裹基质较合适。单一处理仅仅对特定的生根性状指标有较好促进效果，与杜铃等和陈智涛等采用不同基质分别对三角梅和苦郎树进行嫩枝扦插影响试验的研究结果说法一致（杜铃等，2019；陈智涛等，2020）。土与泥炭 1∶1 混合基质处理下的压条移栽成活率为所有处理中最优，为 88.24%，这与夏海涛等（2019）对闽楠的容器大苗培育的最适基质配方结果相近。魏丹等（2017）研究发现黄心土与泥炭 1∶1 混合基质是山杜英（*Elaeocarpus sylvestris*）育苗的最好基质配比。而纯泥炭基质处理下的压条平均根粗为所有处理中最小，土与泥炭 1∶1 混合基质处理下的压条平均根粗为各处理组间最大，说明黄心土在压条根系增粗生长方面起着特殊的作用。从基质的成本、获取的难易程度以及人工成本和工作效率方面综合考虑，泥炭土的价格较高，单一使用黄心土可降低成本及劳动强度，且取材方便、资源丰富。泥炭土中含有的腐殖酸及营养物质的含量较高（陈智涛等，2020），若使用黄心土与泥炭、椰糠进行合理的基质配比，则可保证后期苗木质量，提高造林成效，具体配比方案需进一步研究。

光是植物生长过程中最重要的一个环境因子，以往研究中发现，光照影响植物生长发育的每个阶段（杨玉杰和李海云，2010）。郑雨盼（2020）在研究中发现，基质遮光处理和不遮光处理的压条生根指标没有显著差异，可见光照对闽楠高空压条生根无显著影响。透明套杯与黑色套杯根系干鲜比分别为 0.16 和 0.38，说明基质遮光压条根系干物质积累更多一些。这与王晓云等对蚕豆（*Vicia faba*）遮光处理的研究结果相反，王晓云等认为蚕豆根的干物质在遮光处理下会显著降低。这可能和植物的生理特性有关，在生产上应根据植物选择适宜的遮光方式。因此，在闽楠高空压条时可根据生产需求选择透明套杯或黑色套杯。

基质水分含量是压条生长发育和根系形态建成的重要影响因素之一，水分不足会影响植物的正常生长。在闽楠高空压条基质供水试验中，每月供水 1 次与对照（不浇水）处理的压条在综合评价指标（根系效果指数）上未形成显著差异，但显著优于每月供水 2 次的处理组压条，可见保持基质适当的含水量对生根较有利，水分含量过多反而起到抑制作用，而广东省梅州市平远县雨水集中，为亚热带气候类型，压条不进行浇水处理仍能达到很好的生根效果。因此，应根据闽楠高空压条地点进行基质供水方式选择。

目前，闽楠高空压条总体生根率偏低，具有较大提升空间。与扦插育苗类似，提升闽楠高空压条生根率的最佳途径是寻找生根能力强的优良单株或基因型。未来，在无性繁殖工作方面，应加强对扦插或压条生根率高的幼树的筛选并扩繁，这样不仅可以为今后闽楠插条或压条生根机理及营养繁殖育苗技术研究提供理想的实验材料，还可为闽楠无性系造林的生产实践奠定基础。

第四节　闽楠不同种源林分的生长特性与适应性

目前，我国对闽楠的研究主要集中在种子休眠与萌发、抗逆性筛选、种群结构和空间布局、生物量结构、育苗造林以及光合生理特性等方面，而种源试验由于具有较强的地域性，湖南地区尚缺乏相应的闽楠种源试验研究。种源试验是林木育种的重要手段之一，林木生长量、木材品质、适应性等生长生理性状会随不同地域特征表现出地理变异并遗传给后代，经过长期的自然选择与进化，当地种源形成了良好的适应性，几乎可以完全适应当地生长环境，但生长率不一定最优，因此可以引进外地优良种源，通过连续多次种源试验找到本地最适宜发展的种源。林木种源试验可以为不同环境条件选择生长快、适应性强的优质种源，对林木种源区划及良种选育具有重要指导意义。

环境对植物生长发育影响重大，植物耐寒耐旱性是植物主动应对温度、水分等环境变化，避免或降低组织损害的有效生理反应。近年来，诸多学者致力于植物耐寒耐旱生理的研究工作，这不仅能够提高植物存活率，还能减少因盲目种植而导致的经济损失。目前，有关闽楠耐寒耐旱性的研究相对较少，湖南夏季持续高温，存在季节性干旱，历史最高温达 40℃，冬季寒冷多雨，历史最低温为－8.3℃，开展来自其他省市的不同种源闽楠耐寒耐旱研究，可评价各种源对湖南气候的适应性。作为植物重要的营养器官，叶片是进行光合和蒸腾作用的主要场所，其主要功能是参与植物内外物质交换。受周围环境的影响，叶片形态及内部结构会表现出相应的适应性结构，因此研究植物叶片形态及解剖结构特征，能在一定程度上说明其对环境的适应性和进化机制。

一、叶片形态及解剖结构与适应性的关系

叶片是植物进行光合作用的主要器官，研究表明，叶片解剖结构与光合作用密切相关，光照会对植物叶片解剖结构产生不同程度的影响。为了适应不同光照环境，获取最大光能，叶片会向着有利于光能捕获的方向进化。长期在弱光环境中生活的植物，其叶片结构趋向表皮细胞及栅栏组织层数少，细胞呈近方形，海绵组织排列疏松，角质层及细胞壁较薄，这些叶片结构特征有利于增加叶绿体受光面积，提高光量子在叶片内的传递与运输，增强光合能力。而长期生活在强光环境中的植物，其叶片一般具有发达的角质层和表皮毛等结构（该结构有利于降低强光的伤害），表皮细胞体积大层数多、栅栏组织发达且细胞呈长柱形、海绵组织变厚且细胞排列紧密、中脉薄，这些结构增加了叶绿体附着面积，在一定程度上提高了光合作用，有利于减小蒸腾作用，降低水分流失。

叶片是植物接触环境面积最大的营养器官，最容易感受环境的变化，植物会通过改变其叶形、叶厚、表面绒毛和内部解剖结构特征来适应环境。叶片解剖结构是叶片为适应周围环境条件而长期进化的结果，对评价植物适应性意义重大。目前，解剖结构应用于植物耐寒机制研究中的报道较多，许多学者已证明植物耐寒性与叶片的解剖结构密切相关。杨宽（2021）通过分析 6 种睡莲叶片厚度、栅栏组织厚度、栅海比及气孔密度等解剖结构，对 6 种睡莲的耐寒能力作出了评价。谭殷殷（2019）在研究“玉霞”含笑叶片解剖结构中，发现了

叶片厚度、角质层厚度、栅海比与植物的抗寒性呈显著正相关。腾尧（2018）在研究不同低温胁迫下2个品种西番莲叶片解剖结构中提到，抗寒性强的西番莲品种叶片长宽较小，叶片薄且叶脉较厚，栅海比高，叶脉突起度及组织结构紧密度较大。王泽华（2016）对新疆5个地区的野苹果叶片、上下表皮、栅栏组织、海绵组织厚度及栅海比等解剖结构特征进行观察研究，发现栅海比和叶片组织结构紧密度大、疏松度小的野苹果抗寒能力强。何凤（2021）研究了干旱胁迫下杜仲扦插幼苗叶片结构的变化，发现干旱胁迫导致杜仲栅栏组织、下表皮厚度及气孔密度与面积显著降低。杨森（2017）对5个品系橡胶树叶片解剖结构的研究表明，抗旱能力强的橡胶树品系的叶片厚度、下表皮、叶脉及栅栏组织厚度、栅海比和紧密度较大；而抗旱能力弱的品系叶片厚度、栅栏组织及叶脉厚度、组织紧密度较小。李瑞（2020）对胡杨的研究表明，干旱加重易使胡杨叶片结构发生改变，叶片厚度及栅栏组织厚度的增加有利于减小渗透压，促进叶片吸水，减少水分散失，提高耐旱能力。

二、植物耐寒耐旱生理研究进展

温度是影响植物生长最重要的环境因子之一，低温在一定程度上会损伤植物体，影响其生长发育，并且对植物的分布有极大的限制作用。根据对植物的危害程度，可将低温分为冷害（零度以上低温对植物所造成的伤害）和冻害（零度以下低温对植物所造成的伤害）两大类。植物耐寒性是指植物在长期低温寒冷环境中不断适应与进化，通过遗传变异和自然选择获得的一种耐寒能力，其表现出相对的遗传稳定性。多数植物在长期低温环境的生存过程中，逐渐形成了一套适应低温的生理机制及形态结构，以增强自身对低温的耐受能力。研究发现，许多温带植物在非冰冻的低温环境中生存一段时间后，会逐渐适应这种低温条件，耐寒力提高，且不同植物种类表现出不同强度的耐寒能力。研究表明，植物在冷驯化过程中，会通过调节其细胞形态、组织结构、生理生化过程来适应低温，而且许多受低温调节的特异蛋白和 mRNAs 也被诱导表达。

高温对植物造成的伤害分为直接伤害和间接伤害，间接伤害主要指在高温下植物的代谢异常，主要包光合作用抑制、呼吸作用增强和有毒物质积累等；直接伤害是植物在短期内就会出现的症状，主要有活性氧增多、生物膜系统遭到破坏等，严重时会直接导致植物死亡。高温天气常常还会伴随干旱，植物干旱是由于植物体内水分供应不平衡而引起的缺水现象。我国南方地区降雨较多，但许多地区在夏季高温季节会出现季节性干旱，对植物生长发育产生不同程度的影响。面对高温干旱，植物会通过调节生长、生理、基因表达等行为来提高自身的抗旱性，这一机制被称为抗旱机制，植物的抗旱机制分为避旱性、御旱性和耐旱性 3 种类型。

（一）低温与干旱对渗透调节物质的影响

可溶性糖、可溶性蛋白、脯氨酸（Pro）是植物体内 3 种主要的渗透调节物质。低温胁迫下，渗透调节物质通过提高细胞液的浓度，降低细胞质的冰点，来避免或减轻细胞质过度脱水，提高植物保水能力，并以此来提高植物耐寒性。王飞雪（2020）研究发现，可溶性蛋白、可溶性糖含量与苹果砧木抗寒性呈正相关，随着温度的降低，苹果砧木实生枝条可溶性蛋白、可溶性糖含量增加，以抵抗低温对其造成的损伤。

高温干旱破坏细胞渗透平衡，可溶性糖能够从外界吸收水分，保持细胞渗透平衡，因此植物在受到干旱胁迫时，可溶性糖含量会有所增加。陈志峰（2018）的研究也表明，重度干旱会使植物的可溶性糖含量明显上升。目前多数研究表明，植物体内可溶性蛋白含量与干旱时间和干旱程度呈正相关。也有研究发现，随着干旱程度的加重，可溶性蛋白含量呈现先升后降的趋势。Pro 是蛋白质的组成成分之一，植物在水分胁迫时，会大量积累 Pro。有学者研究发现，Pro 具有保护细胞结构的作用；另有学者发现，Pro 可以清除多种自由基；还有研究认为，Pro 具有保水能力以及解毒能力。由此可见，Pro 含量对植物抗旱能力意义重大。

（二）低温与干旱对 MDA 和电导率的影响

逆境胁迫会使植物细胞膜受到损伤，同时会打破细胞中活性氧代谢平衡，围积大量的超氧化物自由基，损害植物细胞膜结构，主要表现为膜透性增加、细胞质内的物质组成与结构改变，不饱和脂肪酸形成羟基过氧化物，羟基过氧化物经过一系列反应，分解生成 MDA。羟基过氧化物和 MDA 引起膜伤害，使大量的钙离子（Ca^{2+}）进入细胞内，引起连锁循环反应，最终使细胞膜崩溃。而电导率升高是由于细胞膜损伤，透性增加，电解质外渗。因此，电导率及 MDA 含量的变化是判断植物受害程度的主要指标。

李瑞雪（2019）通过研究 6 种木兰科植物对低温胁迫的生理响应，发现 6 种木兰科植物叶片 MDA 含量均随低温胁迫程度的增强呈上升趋势，说明随着温度的不断降低，植物膜质过氧化程度逐渐加重。张誉稳（2019）发现干旱情况下，MDA 的含量与电导率随胁迫时间的延长而增加。而孙海博（2018）的研究结果略有不同，他发现干旱胁迫后期，中度干旱组植物体内的 MDA 含量高于重度干旱组，认为这是因为重度胁迫对植物体伤害过于严重，从而使植物体内生理生化过程发生紊乱，MDA 被降解。

（三）低温与干旱对抗氧化酶的影响

低温、干旱等逆境胁迫会损伤植物细胞膜系统，使膜质发生过氧化反应，产生活性氧，生成 H_2O_2（过氧化氢），而保护酶系统可以清除自由基，消除或减弱膜脂过氧化作用。SOD、CAT（过氧化氢酶）、POD 是植物体内较重要的三种保护酶。SOD 的主要功能是把有害的超氧自由基转化为 H_2O_2，CAT 和 POD 可以把 H_2O_2 分解为水，达到保护细胞的目的。因此，植物组织细胞内三种酶的活性关系到植株抵御温度逆境的能力，可以通过酶活性来评价植物的耐寒与耐旱、耐高温能力。

洪舟（2020）等研究发现，各产地降香黄檀叶片的 SOD、CAT、POD 活性随着低温程度的加重均呈现上升的变化趋势，温度恢复后，抗氧化酶 SOD、CAT、POD 活性又逐渐下降，但还是略高于适温下的抗氧化酶活性。谢捷（2018）发现，自由水和束缚水的比值较高时，CAT 和 POD 的活性也比较高，闰天芳（2017）等发现，实验材料在干旱胁迫下呈现先升后降的趋势，降低的速度反映了植物的抗旱水平。温度胁迫使植物体内酶系统 POD、CAT 和 SOD 活性上升，以抑制活性氧对植物的破坏，植物体的这种通过调节体内保护酶活性来减轻胁迫对自身伤害的自我保护机制已经得到众多学者的广泛证实。

三、叶绿素荧光研究进展

植物的光合作用是植物吸收光能、积累有机物的过程，是植物生长发育的重要前提。植物主要通过叶器官中的叶绿素对光能进行吸收，并将大部分光能用于光化学反应，转化成化学能供自身利用，少量已吸收的光能会以热耗散及荧光的方式释放。在吸收光能量一定的前提下，光化学反应、热耗散及荧光三者消耗的光能呈负相关。叶绿素荧光是光能以荧光形式发散出去的部分，体现了叶绿体内反应状态及光合效率，与光合反应每一个环节都有紧密联系，每一步变化均可以直接对光系统Ⅱ（PSⅡ）产生影响，进而使荧光发生变化，因而叶绿素荧光可以探测出植物全部光合作用的变化过程。很多研究发现，对植物进行暗适应后，所探测得出的最大光化学反应效率的结果反映了植物处于一种活体开放状态的最大量子光合产量，也是植物本身潜在的最大的量子光合能力，这是衡量 PSⅡ是否完整的重要指标。活体状态时，叶绿素荧光均由 PSⅡ产生，实际光化学效率 Y（Ⅱ）作为分析植物受到光抑制作用的重要参数，对探究植物是否受到环境胁迫意义重大。最大荧光 Fm 降低是光抑制的一个特征，PSⅡ最大光化学效率 Fv/Fm 反映了活性中心光能转化效率，它的值一般维持在 0.75～0.85，正常条件下该参数变动不大，生长条件和物种等因素对其没有影响，但发生光抑制时该值会降低，因此它可以作为表明光抑制程度的良好指标和探针。

孔维鹏（2019）通过对国内 4 个常见无花果品种进行不同程度干旱处理，发现 4 个品种无花果 Fv/Fm 和 Y（Ⅱ）均表现出逐渐下降的变化趋势。赖金莉（2019）通过对干旱胁迫下鼓节竹叶片最大光化学效率 Fv/Fm、潜在活性 Fv/Fo、实际光化学效率 Y（Ⅱ）、光化学淬灭系数 qP 以及相对电子传递速率 ETR 等叶绿素荧光参数进行研究，发现最大荧光 Fm、Fv/Fm、潜在活性 Fv/Fo、Y（Ⅱ）、ETR 及 qP 随胁迫时间延长呈下降趋势，最大荧光 Fo 呈先上升后下降的趋势。

低温胁迫下，Fo 上升量、Fv/Fm 下降量均与植物抗寒能力呈负相关，周建（2009）等以广玉兰幼苗为材料，研究了低温处理下叶绿素荧光特性的变化，发现 Fv/Fm、ETR、Y（Ⅱ）、qP 同时下降，而 Fo、NPQ 呈上升趋势。可见，低温胁迫损伤了广玉兰的光合机构，使反应中心失活，导致光能原初捕捉能力下降，光能同化率减弱，因此广玉兰幼苗光合能力减弱。李庆会（2015）等通过测定低温胁迫下茶树叶片的叶绿素荧光特性，发现低温胁迫会对茶树叶片 PSⅡ反应中心产生直接影响，导致茶树光合作用能力减弱。

四、种源试验研究进展

分布范围相对较广的树种，其不同种源间在生长和适应性等方面均有不同程度的差异。开展种源试验，研究地理变异，选择优良种源是林木改良计划的第一步，对林木改良育种具有重要作用。不同地区存在温暖—寒冷、干旱—湿润变异的地理趋势，不同树种或同一树种不同性状的地理变异模式可能不同。通过长期自然选择与适应，不同地理种源的天然野生林，抑或人工林都存在着不同程度的遗传差异性。林木的性状主要表现在生长量、生育期、抗性、适应性、生理性和木材品质方面，这些性状可以遗传给后代。当地种源长期在本地生存，适应性较好，但生长率不一定最优，因此可以引进外地优良种源，通过连续多次种源试验找到本地最适宜发展的种源。林木种源试验在掌握不同地理变异规律的基础上，为不同的造林地区选择木材品质好、生产力高、适应性及稳定性好的优质种源，为今后开展林木种源区划及选择、杂交育种提供了科学指导。

目前，国内关于种源试验已有许多相关研究，不同地区学者针对不同物种的种源试验展开研究，并取得了一定的研究成果。刘宇（2016）通过营造多个种源试验林，对 18 个种源白桦进行评价，为白桦优良种源选择及推广应用提供理论基础。伍汉斌（2019）通过对不同种源、不同龄林杉木的生长性状进行遗传参数变异分析，筛选出了适宜在江西及周边地区发展的优良种源。杨佳伟（2017）通过对湖南永州金洞林场 5 个不同种源闽楠人工林光合特性进行研究，揭示了不同种源闽楠的光合特性及差异性，为今后开展闽楠优质种源选择提供了初步参考。金念情（2021）通过测定生物量积累、根系活力、光合作用及营养元素等指标评价了 8 个种源花榈木 2 年生实生幼苗在贵州的生长特性及差异性。熊仕发（2020）在模拟干旱条件下，对 8 个不同种源白栎苗期抗旱性差异进行研究，发现随着干旱程度的逐渐加重，不同种源白栎幼苗 MDA 含量升高，叶片含水量及水势下降，渗透调节物质及抗氧化酶活性呈先上升后下降的趋势，通过对各指标进行主成分分析和隶属函数法综合分析，得出了 8 个种源白栎的抗旱性强弱。

五、闽楠不同种源林分的生长特性与适应性研究

近年来，国家越来越重视珍贵用材树种培育，闽楠作为传统珍贵树种受到广泛关注，关于闽楠的研究也越来越广泛。在施肥方面，谢亚斌（2019）对以15种配方施肥的闽楠幼林的生长情况、营养器官及土壤营养元素含量及年变化规律进行测定分析，筛选出了最适的施肥配方。王丽艳（2021）对闽楠幼龄林根际土壤微生物进行了研究，发现丛枝菌根真菌（AMF）的种类组成随林龄的增加变化显著，pH值、全钾、硝态氮和铁态氮是影响AMF特性的主要因素，揭示了闽楠幼林生态系统和土壤微生物多样性的相互关系和机制。林立彬（2019）通过对闽楠木荷混交林进行研究，通过分析生物量、生长规律，以及对C、N、P、K含量及化学计量比的测定，揭示了闽楠、木荷在生长及养分上的竞争关系，发现了闽楠木荷混交林提高了闽楠对养分的吸收利用能力。韩豪（2020）对贵州台江登鲁村天然闽楠群落进行了调查，探究了闽楠种群空间分布规律及幼苗更新特征，为闽楠天然林经营、保护及人工林培育技术的制定提供了理论依据。在种源试验与选择方面，张伟（2013）探究了不同种源闽楠种子休眠机理及幼苗荧光特性，为今后选择优质闽楠种源，营造优良闽楠人工提供理论基础。陈倩颖（2018）对闽楠种源家系的生长性状及差异性进行探究，结合生理生化研究发现了闽楠家系遗传变异规律及原因，并开展了早期优良种源选择，为闽楠良种选育提供理论依据与参考。

胡胜男（2021）分别在永州金洞林场黄家山（8个种源）及三丘田（14个种源）种源试验地进行闽楠生长特性及适应性研究，旨在筛选出适合湘西南、湘南地区生长，且生长迅速、适应性强的优质闽楠种源，为湘西南、湘南地区甚至湖南省闽楠人工林种源选择、引种、造林和开发利用提供理论基础。主要研究结果如下：

通过对两个种源试验地共22个种源闽楠的树高、胸径等生长状况的调查

分析，筛选出了婺源、来凤、将乐、明溪、惠水、台江、金洞共 7 个生长状况良好，生长较快的种源。

通过对筛选出的几个种源闽楠的叶片结构、耐寒耐高温干旱生理指标及叶绿素荧光特性的分析可以看出：①与金洞种源相比，婺源、来凤种源的栅海比较大，气孔面积小、密度大，具有良好的适应性叶片解剖结构特征，潜在光合能力及适应能力较好。婺源、来凤种源高温干旱期（8 月）和寒冷期（1 月）的可溶性糖、可溶性蛋白、脯氨酸及抗氧化酶活性整体高于金洞种源，电导率及丙二醛含量低于金洞种源，说明高温干旱和低温对婺源、来凤种源影响相对较小，表现出了较好的耐寒耐高温干旱能力。婺源、来凤种源在高温干旱期和寒冷期，Y（Ⅱ）、ETR、qP、Fv/Fm 值均大于金洞种源，光合效率较高，表现出较好的耐寒耐高温干旱能力。②将乐种源气孔特征与金洞相似，有利于提高光合作用以及对环境因子的适应性，但叶肉栅栏组织厚度及栅海比相对较低，因此将乐种源的适应能力需要结合其他指标进一步观察；台江种源下表皮厚度、栅海比、气孔面积及密度与金洞差异不显著，叶片结构表现出的耐寒耐高温干旱能力稍弱于金洞种源，但差别不大。将乐、台江种源在 8 月和 1 月可溶性糖、可溶性蛋白、脯氨酸及抗氧化酶活性整体与金洞种源差异不大，表现出了与金洞种源相当的耐寒耐高温干旱适应性。将乐种源 8 月份光合效率低，1 月份较好，光合效率受高温干旱影响大，受低温影响相对较小，耐高温干旱能力较弱，耐寒性较好；台江种源 8 月光合效率与金洞种源相比稍弱，但差异较小，需要结合其他指标进一步分析。③明溪、惠水种源叶片结构潜在适应性不及金洞种源；从叶绿素荧光特性及其他生理指标来看，高温干旱和低温对明溪、惠水种源光合作用等生理活动均有较大影响，耐寒耐高温干旱能力均弱于金洞种源。

通过隶属函数法综合评价各指标，黄家山种源试验地不同种源闽楠耐高温干旱能力大小为婺源种源＞来凤种源＞金洞种源＞将乐种源，三丘田种源试验地为金洞种源＞台江种源＞明溪种源＞惠水种源。黄家山种源试验地不同种源闽楠耐寒性大小为婺源种源＞来凤种源＞将乐种源＞金洞种源，三丘田种源试验地为金洞种源＞台江种源＞惠水种源＞明溪种源。综合所有指标来看，与金洞种源相比，江西婺源、湖北来凤两个种源耐寒耐高温干旱能力均较好；福建将乐种源耐寒适应性较好，耐高温干旱能力较弱。台江种源耐旱耐高温干旱能力稍弱于金洞种源，但差距不大。明溪、惠水种源耐寒耐高温干旱能力较弱。

综上所述，婺源、来凤两个种源比金洞种源生长速度快，生长状态好，且较能适应湖南地区高温季节性干旱和冬季自然低温的气候条件，适应性良好，在栽培时可优先考虑婺源、来凤及金洞 3 个种源；将乐、台江两个种源生长速度、对环境的适应性与金洞种源相当或略低于金洞种源，可作为需要继续考察与试验的种源。

第五节 叶面施肥对闽楠的影响

一、叶面施肥对闽楠生长特性的影响

植株的生长发育状况和生理活动与其体内所含的营养元素的种类和含量密切相关，叶面施肥主要通过根外施肥方式使植物吸收营养，从而改善植物的生长发育情况。目前，关于叶面肥能促进植株生长发育的研究比较多。目前研究基本都认为，对叶面喷施营养物质可以延缓叶片的衰老，增加叶片的叶绿素含量，改善植株光合性能，从而能提高植株的物质生产能力及运转性能，最终达到增产、提质的目标。例如，王彧彧等（2019）发现，对番茄叶片喷施不同浓度的氮磷钾叶面肥后，番茄的株高、叶宽、茎粗都有显著变化，喷施浓

度为 0.8 g/L 的两个叶面肥均表现最好，浓度过大则有抑制效果。王玮玮等（2010）研究发现叶面肥可以增加凤梨苗木的叶面积和叶片数量。饶成等（2010）认为，叶面肥能促进油茶幼苗茎、叶、根的生长和增强其光合作用。王艺等（2013）通过对浙江楠等 4 种观赏树种一年生容器苗喷施不同浓度叶面肥发现，叶面肥能促进植株的地径、株高、生物量、叶绿素含量等指标的增加。

在有的试验中，各叶面施肥组的株高生长量、地径生长量、整株鲜重和干重、叶鲜重、茎鲜重、根鲜重、叶干重、茎干重、根干重、叶面积、根长、侧根数较 CK 都有显著提高，且各处理组间差异显著。这与关于喷施叶面肥可以促进植株生长发育的结论一致。表明在合理的施肥量的前提下，氮磷钾肥对闽楠的生长具有显著性影响，且作用效果均为正效应，与前人研究结论一致。闽楠的株高生长对氮肥的需求较大，适宜的氮肥可以促进闽楠叶片的生长，氮磷钾肥可以促进根系的生长，且氮磷钾配比施肥比单施某种肥更能促进树高和胸径的生长，对增加生长量更有利，从而更易培育出健壮苗木，达到更快速成林的效果。

通过对株高和地径的月生长量分析发现，各施肥处理组闽楠苗生长量均在 6 月达到最大值，然后逐渐下降，直到 8 月达到最小值，又在 9 月和 10 月逐渐有所上升，最后在 11 月以最小值稳定下来，与 CK 生长规律一致。李铁华（2004）研究发现，N、P、K、Mg 四元素在闽楠的根、茎、叶中的含量随时间而有明显变化，且在各部位的变化趋势基本一致。在中亚热带季风气候条件下，5～6 月，降雨充裕，天气回暖，光照充足，茎叶和根系能迅速地生长；而到了 7～8 月，天气炎热，降水不足，苗木生长出现延缓；9～10 月，天气凉爽，降水增多，闽楠的根茎叶生长较快；随着气温的降低，11 月以后生长逐渐停止，苗木进行木质化生长。刘刚等（2015）研究出闽楠幼苗有 6 月夏梢和 9 月秋梢两个生长高峰期。因此，在生长期及时施氮磷钾叶面肥能有效地促进闽楠苗木的生长。

二、叶面施肥对闽楠光合特性的影响

光合作用作为评价植株生长发育体系的一个重要组成部分，影响植株的新陈代谢和养分运转。胡映泉等（2016）对3年生银杏幼苗进行根外施肥，结果显示氯磷钾肥可以显著提高银杏叶片的净光合速率（Pn）、气孔导度（Gs）、蒸腾速率（Tr），同时降低聚集指数（Ci），影响水分利用率（WUE）。张敬敏等（2014）发现，配施腐殖酸有助于提高杨树的光合作用，且施肥量越大，光合速率增幅越大，有机物含量显著增加。刘枫（2019）、王华（2016）、高尚（2016）、王娜（2012）等研究喷施不同类型叶面肥对核桃、虎雪兰、黄秋葵、红富士苹果等作物光合特性的影响，研究表明，喷施叶面肥能改善植物光合特性，提高Pn、Gs、WUE、光饱和点（LSP）和表观量子效率（AQY）。段文军（2014）对油茶容器苗喷施叶面肥，结果显示喷施不同浓度的氮磷钾叶面肥有利于油茶叶绿素的合成，能进一步提升其光能利用效率（LUE）。这与本试验研究结果一致。闽楠的Pn、Gs、Tr、WUE、LUE以及叶绿素含量指标，都有不同程度的提高，Ci则是降低，且与CK有显著差异，表明叶面施肥改变了闽楠苗的光合特性。光合特性各指标在中高水平的氮肥、低水平的磷肥和钾肥时表现较优。

三、叶面施肥对闽楠生理特性的影响

SOD、POD、CAT等保护酶和Pro有利于提高植物的抗逆性，防止植物组织或器官膜脂质发生过氧化反应。袁晓倩等（2019）研究发现，氮磷钾配方施肥对旋覆花叶片的保护酶活性有显著性影响，与未施肥的对照组相比，各施肥处理均提高了旋覆花体内SOD、POD、CAT的活性，降低了MDA的含量。王淑敏（2014）等研究了叶面施肥处理对板蓝根、甜荞品种温莎、荞麦、毛白杨和小麦叶片生理生化的影响，结果显示，喷施营养元素能提高叶片 SOD、POD、CAT 的活性和增加 Pro 含量，显著降低叶片 MDA 含量，增强植株的抗逆性。闽楠各施肥处理组叶片的 SOD、POD、CAT 的活性均有提高，Pro 含量也有增加，CK 的 MDA 含量显著高于各处理组。而钾肥对 POD 活性影响不显著，与对闽楠的研究结果一致。高水平的氮肥、中低水平的磷肥、钾肥和中高浓度的叶面肥促进闽楠生理发育效果更好，这与张龙（2019）认为的闽楠苗期对养分需求最大的是氮，其次是磷、钾，在平衡施肥时适量增加氮肥的施用的结论一致。

第五章　桢楠多维研究

桢楠杆形通直，挺拔整齐，木质坚硬，寿命长，是我国重点保护树种，也是理想的庭院树种和园林绿化树种，同时其木材纹理清晰，抗腐蚀性好，又是极佳的木材树种，现在还有人发现桢楠植物精油有抑制肿瘤细胞增长的功效。目前，桢楠自然分布的数量较少，种子采集资源不足，抗寒抗旱性差，育苗周期长等，在这些因素的影响下，桢楠这一树种资源日益消减，出现供需严重不足的现象。桢楠主要采用的是种播的方式，生长缓慢，种子较少，且种子繁殖的后代，性状变化的概率较大，可能会失去原有的优良性状，植株质量也参差不齐。此外，桢楠种子的收集与贮藏管理也要耗费大量的人力，稍有不慎，其发芽率就会受到影响，这就迫切需要利用组织培养的方式来快速繁殖桢楠。

第一节　桢楠扦插繁殖技术及其生根机理

当前，我国的桢楠苗木生产主要以种子播种为主，但是其种子繁殖周期长，产量少，繁殖率低。因此，加快桢楠繁育速率，是当前亟须解决的问题，而扦插繁殖是一种有效的途径。

一、不同扦插季节对桢楠插穗生根的影响

扦插季节的不同对桢楠生根效果有着显著的影响。笔者分别在春季4月中旬、夏季6月下旬、秋季9月初以及冬季12月初进行了桢楠扦插试验。其中，在春季4月中旬扦插生根率最高，达到了94.2%，其次是6月、9月、12月。综合分析合肥气候特点以及观察试验过程中桢楠扦插苗生长情况以后发现，春季合肥气候升温快，光热条件较适宜桢楠扦插苗生长；夏季6月份的桢楠扦插苗出现愈伤组织及不定根时间都快于其他时期的扦插苗，但是6月份合肥进入梅雨季节，雨量比较集中，降水强度大，扦插苗易受到细菌感染，部分插穗易失去生根条件；秋季9月份的桢楠扦插苗前期生长较好，但到了后期不定根发育阶段就比较缓慢，且生根率较低，这可能是由于秋季合肥气温下降较快；冬季12月份的桢楠扦插苗生长缓慢，到了来年2月中下旬才开始长出愈伤，且到了4月底才有生根迹象。这可能是因为合肥冬季气温低，偶尔还伴有雨雪天气出现，所以插苗在冬季处于休眠状态，直到天气回暖才开始生长发育。因此，选择适宜的扦插时间是桢楠扦插试验成功的关键。

二、桢楠扦插繁殖的生理学研究

（一）内源激素含量与生根的关系

植物激素是一些在植物体内合成的，对生长发育产生显著作用的微量元素。内源激素的变化为不定根发生的主导因子。赵惠（2019）以2年生和8年生桢楠插穗为试验材料，研究桢楠插穗在扦插生根过程中内源激素（GA、IAA、ABA、ZT）、酶活性（PPO、POD、IAAO）、营养物质（可溶性糖、可溶性蛋白）的动态变化，以期找出多年生桢楠扦插生根困难的原因。研究结果如下：

（1）GA 的变化。2 年生桢楠插穗变化趋势总体呈现“升—降—升—降”的双峰曲线，8 年生桢楠插穗的 GA 含量先降低再缓慢上升。在扦插后的 15 d 左右，2 年生插穗进入愈伤组织形成阶段，插穗基部 GA 含量达到峰值，这可能是因为愈伤组织形成期较高水平的 GA 含量促进了愈伤组织的形成。而 8 年生插穗变化正好相反。在 15～30 d 的阶段，各年龄阶段插穗 GA 含量逐渐降低，此时愈伤组织膨大，GA 含量的降低能更好地诱导愈伤组织的发育及根原基的形成。2 年生插穗的第二个峰值出现在 45 d 左右，此时是不定根形成阶段，GA 含量的上升促进不定根的生成。45 d 以后进入不定根伸长阶段，GA 含量开始下降，其中 8 年生插穗 GA 含量升高，可能是因为多年生插穗愈伤组织形成期长，生根过程缓慢。由此推测，GA 含量的上升在一定程度上促进桢楠不定根的诱导。

（2）IAA 的变化。IAA 的主要生理功能是促进不定根的发生及伸长，故其含量的动态变化必定影响不定根的发生。与 GA 变化相似，2 年生桢楠插穗的 IAA 含量表现出先升后降的趋势，而多年生桢楠插穗表现为降—升—降的趋势。在扦插后的 15 d 左右，2 年生插穗进入愈伤组织形成阶段，插穗 IAA 含量迅速上升，这可能与外源激素的诱导有关。而 8 年生插穗变化正好相反。在 15～30 d 的阶段，愈伤组织形成期，此时 2 年生桢楠插穗 IAA 含量达到峰值；在不定根形成阶段，2 年生桢楠插穗 IAA 含量开始下降，而 8 年生桢楠插穗 IAA 含量到达峰值。45 d 以后进入不定根伸长阶段，桢楠插穗 IAA 含量开始下降，其中 8 年生桢楠插穗下降幅度最大，可能是因为不定根发育消耗了大量 IAA。这表明 IAA 含量对不定根的诱导具有一定的作用。

（3）ABA 的变化。2 年生桢楠插穗 ABA 含量表现出先升后降的趋势，而 8 年生桢楠插穗 ABA 含量表现为降—升—降的趋势。在愈伤组织诱导期，2 年生桢楠插穗的 ABA 含量逐渐上升并达到顶峰，而 8 年生桢楠插穗含量较低。从愈伤组织形成期到不定根伸长阶段，2 年生桢楠插穗 ABA 含量逐渐降低，而 8 年生桢楠插穗 ABA 含量有所上升，且在不定根形成期达到了顶峰，由于 ABA 为抑制植物生长的激素，因此较低的含量更利于不定根的形成和生长。到不定根伸长阶段，8 年生桢楠插穗 ABA 含量才开始下降，可能是因为多年生插穗生长缓慢，不定根形成期延迟。这表明 ABA 的含量对于不定根的形成和伸长具有一定的抑制作用。

（4）ZT 的变化。从我国当前的植物内部体系来看，ZT（玉米素）也是一种常见的细胞分裂素，同时在本次进行的桢楠扦插试验中也有着显著的体现。2 年生桢楠插穗表现为升—降的趋势，8 年生桢楠插穗表现为降—升的趋势。不定根的出现在不同树龄的桢楠中有着非常显著的差异，其中 2 年生的桢楠插穗在愈伤组织形成期 ZT 含量显著上升，但相较于 8 年生的桢楠插穗，其含量则显得不高。不定根形成期和不定根伸长期均表现出桢楠母树年龄越高，ZT 含量越高的趋势。这也说明了 ZT 含量过高，会对桢楠生根产生较为显著的负面影响。

杨秀莲等（2014）通过对波叶金桂（*Osmanthus fragrans*）扦插生根的研究，发现低浓度的 GA 含量对生根有促进作用，这一结论与赵惠（2019）的结果不一致。2 年生桢楠插穗 ABA 含量在愈伤组织形成期后一直呈下降趋势，这说明低浓度的 ABA 对根系生长可能存在正调控作用。

（二）营养物质含量与生根的关系

在桢楠的扦插活动进行中，生根的各个环节都需要得到营养物质的支撑，因此这类物质的具体含量也会对生根质量产生较为显著的影响。而在诸多营养物质中，可溶性糖和可溶性蛋白都能够提供充足的能量，同时扦插枝条的生长也离不开碳水化合物等物质。

1.可溶性糖含量的变化

可溶性糖本身就是各种植物所必备的营养物质，同时也是桢楠生成不定根的主要促进要素。赵惠（2019）的研究表明，0～15 d，2 年生桢楠插穗可溶性糖含量逐渐减少，这可能是因为在扦插初期，桢楠插穗的切口愈合和后续生根过程需要获取大量的能量，需要外部提供一定的营养物质。而在 8 年生的桢楠插穗中，已经具有了较多的可溶性糖，但真正能够利用的物质却比较少。通过观察 2 年生的桢楠可以发现，在 15～30 d，2 年生桢楠插穗中的可溶性糖含量将会不断上升，并且在第 30 d 的时候表现最高。而在这个时间点，桢楠已经形成了较多的愈伤组织，同时内部淀粉酶活性也将不断升高，使可溶性糖的含量出现了显著提升。此阶段，8 年生桢楠插穗可溶性糖含量下降。30～45 d，2 年生和 8 年生桢楠插穗可溶性糖含量都有所下降。在这个时候，桢楠扦插试验组中就出现了较多的不定根。与此同时，桢楠内部的可溶性糖则会逐步消耗，用以维持相应的能量损耗。在 45～60 d 不定根生成的后期阶段，2 年生桢楠插穗内可溶性糖含量缓慢上升，桢楠扦插试验组中的新苗生长能力将会不断提高，同时在植物内部也会合成较多的有机物。此时由于 8 年生桢楠插穗生长速度较慢，故可溶性糖含量升高。除此之外，当愈伤组织出现以后，2 年生与 8 年生的桢楠在可溶性糖方面表现出的差异也非常明显，2 年生桢楠插穗可溶性糖含量达到最大值。这说明，嫩枝插穗能源物质越充足，生根效果越好。

2.可溶性蛋白含量的变化

在桢楠的整个生长过程中，氮是一种非常重要的物质，能够显著促进根原基的生长。而对于桢楠生根发育过程来说，可溶性蛋白也是重要影响条件之一。赵惠（2019）的研究结果显示，2 年生桢楠插穗可溶性蛋白含量变化大致为下降—升高—下降，而 8 年生桢楠插穗可溶性蛋白含量变化趋势为升高—下降—升高。在整个扦插活动的初期阶段，各年龄桢楠插穗中可溶性蛋白并没有出现太大的变化。扦插前插穗处于愈伤组织诱导期，不同年龄插穗之间的蛋白质含量以 8 年生桢楠插穗含量最高，2 年生桢楠插穗含量最低。15～30 d 愈伤组织形成期和 35～45 d 不定根形成期，2 年生桢楠插穗可溶性蛋白含量呈上升趋势。之所以出现这种情况，主要是因为内部的可溶性蛋白数量正在不断提升，这就可以给整个扦插过程提供较为充足的营养物质，最终使桢楠扦插枝条下部区域在较短时间内出现愈伤组织，同时整个组织的生长速度也比较快。而当扦插枝条出现生根情况以后，各个不定根就能够从外界环境中吸收水分和养分，并通过光合作用等生理活动来获取足够的营养物质。在不定根形成期，2 年生桢楠插穗可溶性蛋白含量达到峰值。而对于 8 年生的桢楠插穗来说，虽然内部拥有较多的营养物质，但这些物质很难通过相应生理活动来分解成可溶性蛋白等物质，最终能够提供的能量供应非常有限，可溶性蛋白含量就相对较低。45～60 d 处于不定根伸长期，2 年生桢楠插穗不定根伸长使能量供应减少，呼吸作用加强，代谢旺盛，可溶性蛋白被分解，故可溶性蛋白含量降低；而 8 年生桢楠插穗可溶性蛋白含量有所上升，可能因为 8 年生桢楠插穗不定根形成缓慢，可溶性蛋白峰值出现较晚。

研究表明，在愈伤组织诱导阶段和愈伤组织形成期，2 年生桢楠插穗可溶性糖含量变化趋势与 8 年生桢楠插穗可溶性糖含量变化趋势相反。而在整个生根过程中，2 年生桢楠插穗可溶性蛋白含量的变化趋势与 8 年生桢楠插穗可溶性蛋白含量变化趋势相反。这说明，不同年龄母树中营养物质含量变化在生根过程中有极明显的差异。扦插前期 8 年生桢楠插穗中可溶性糖和可溶性蛋白含量都比较高，但是由于树龄较高，可利用的能量比较少，这也许是多年生桢楠插穗生根率低的最主要原因。其中 8 年生桢楠插穗在愈伤组织形成期和不定根形成期，可溶性糖含量与可溶性蛋白含量都有所下降，这与徐丽萍等（2012）的研究结果一致。

（三）酚类物质含量与生根的关系

在桢楠扦插过程中，内部的 POD、PPO、IAAO 活性会在扦插过程产生较为显著的影响。而通过观察桢楠扦插试验可以得知，不定根出现时，会伴随有多数细胞的分化活动。这些活动往往需要消耗较多的营养物质，同时扦插枝条自身也应该具有较强的代谢能力。在这个过程中，各个酶类自身的生理活动会显著影响扦插枝条的代谢水平。但就目前我国现存研究来看，针对酶类活动和生根影响的研究并不统一。

1.IAAO 活性的变化

吲哚乙酸氧化酶能够较好地促进植物生成不定根，并且两者之间具有显著的直接关联。通常来说，活性较高的 IAAO 可以有效促使扦插枝条生成根系，同时也可以有效调整植物内部的激素平衡，对于整个植物的后续发育具有较为显著的促进作用。

在扦插初期，插穗脱离母体后，桢楠插穗会受到一定的物理伤害，因此自身的代谢速度会出现一定的下滑，使得包括 IAAO 在内的各个酶类都出现了活性下滑的情况。而当进入愈伤诱导期以后，由于大部分桢楠枝条的切口都已经初步愈合，因此 IAAO 活性下滑的情况也会有所缓解。当愈伤组织形成以后，IAAO 的活性会继续下降，直到 30 d 的时候，活性下滑至最低点。在 30～45 d 阶段，不定根从皮层出现，而这个时候 IAAO 的活性也会逐步上升，最终使不定根的生长不断加快，在较短时间内形成庞大的根系。等到 45 d 以后，不定根的生长基本上已经定型，这个时候 IAAO 的活性也会出现下滑的情况。而对于 8 年生的桢楠插穗来说，IAAO 活性在 30～45 d 内呈下降趋势，但整体下降幅度不大，在扦插 45 d 的时候达到最低点，45 d 后，IAAO 活性快速上升，插穗不定根形成数量增多，这可能是因为多年生桢楠插穗生长缓慢，同时在不定根生长方面也需要花费较长的时间。综合本次试验结果可以得知，在不定根表达期，较高的 IAAO 活性，能使插穗体内 IAA 含量降低，促进根的伸长。

2.POD 活性变化

过氧化物酶活性与插穗生根也有着较为显著的联系，这个观点也在很多文献研究中得到了较好的证实。根据当前我国各个学者在这方面的具体观点和研究可知，很多学者都认为两者之间存在一定的间接作用，比如有害自由基分解等，而关于两者之间存在的主动作用，很多学者还没有进行深度解析。

不同年龄桢楠插穗的 POD 活性变化并不一样。从树龄维度来看，POD 的活性出现显著的变化。其中 2 年生桢楠插穗 POD 活性逐渐升高，在不定根伸长期达到最高。8 年生桢楠插穗 POD 活性先升高后降低，愈伤组织形成期的活性是最高的，到了不定根不断伸长的阶段，其活性也会出现显著的下滑。这主要是因为在初期阶段，活性较高的 POD 确实具有促进作用。POD 活性上升有助于氧化 IAA，促进不定根形成。在愈伤组织形成期及不定根形成初期，2 年生桢楠插穗 POD 活性均大于 8 年生桢楠插穗，这表明高的 POD 活性，对不定根的生长有诱导作用。

3.PPO 活性变化

多酚氧化酶活性变化与桢楠插穗生根也有着较密切的联系。通常认为，PPO 的活跃程度不但影响植物生长和发育，还对植物根系的形成有着重要的影响。

2 年生桢楠插穗 PPO 活性变化呈双峰曲线，而 8 年生桢楠插穗 PPO 活性变化趋势为先升高后降低。通过进一步观察 2 年生的桢楠插穗可以发现，2 年生的桢楠插穗的 PPO 活性含量在 15 d 的时候会达到最大值。这个时间点同时也是愈伤组织诱导的重要时期，在这个过程中，高活性的 PPO 能够显著促进愈伤组织产生，这一时期 8 年生桢楠插穗 PPO 活性也呈上升趋势。15～30 d，2 年生桢楠插穗 PPO 活性开始不断下降，而 8 年生桢楠插穗 PPO 活性依然缓慢上升，到 45 d 时才达到顶峰值，较 2 年生桢楠插穗整整延后了 15 d，这可能因为多年生桢楠插穗愈伤形成期和不定根形成期较漫长。PPO 峰值正好对应了插穗不定根的起始，因此 PPO 峰值出现较晚可能是插穗不定根形成较慢的重要原因之一。30～45 d，2 年生桢楠插穗 PPO 活性开始上升并出现第二个峰值，出现这种情况，主要是因为 PPO 活性比较高的时候，可能会跟 IAA 反应，最终形成一定的合力，以更好地促进不定根的出现。到了 45 d，各年龄桢楠插穗中的 PPO 活性出现不断下滑的趋势。

扈红军（2007）等人通过相关研究发现，如果植物中的 POD 具有较高的活性，那么最终能够使不定根的生成更具有效率。试验中，2 年生和 8 年生桢楠插穗 POD 活性在生根过程中呈上升趋势。2 年生桢楠插穗 IAAO 活性与 8 年生插穗 IAAO 活性的变化趋势整体一致，但高峰期延迟了 15 d，在愈伤组织形成期，IAAO 活性不断下降，低活性的 IAAO 导致插穗内 IAA 上升，促进愈伤组织快速形成，进而诱导不定根的起始。不定根形成期间 IAAO 活性逐渐上升，前期积累的过量的 IAA 快速分解，以维持 IAA 平衡，促进不定根的形成。研究发现，不同年龄母树、不同部位插穗 IAAO 活性都不同。

三、桢楠扦插繁殖的解剖学研究

根据当前我国现有的研究分析可以知道，插穗不定根产生的重点就是根原基能不能在内部产生，而植物内部的根原基主要是通过原始细胞分化而来的。例如，圆柏（*Juniperus chinensis*）枝条内存在潜伏不定根原基，其扦插生根就比较容易。而通过对桢楠解剖可以发现，当前桢楠内部并没有潜伏原始细胞，因此桢楠扦插不定根的形成来源于诱生根原基，因此要想在桢楠扦插过程中形成不定根，就需要通过各类诱导方式来实现。

桢楠在扦插 10 d 后就开始形成愈伤组织，15 d 后愈伤组织变大，30 d 时愈伤组织环绕于插条整个基部并且愈伤组织开始变成红褐色，35 d 有不定根芽从皮部长出，40 d 时部分不定根已伸长。在这个过程中，部分学者指出，愈伤组织过大的时候会显著减少生根物质，最终使插穗无法生根。但通过分析桢楠扦插过程可以发现，虽然愈伤组织的产生时间较不定根形成时间早，但两者之间并不存在显著关联。就当前我国在不定根方面的具体研究来看，虽然各个学者还持有不同的看法，但是比较统一的是，大部分学者都认为不定根生成跟时间、处理方式、环境要素等因素都有关系。因此，我们也应该针对这些因素进行综合分析，以保证不定根产生质量。

四、不同母树年龄对桢楠插穗生根的影响

通常来说，不同树龄会对后续扦插试验的生根环节产生非常显著的影响，而在桢楠扦插中也不例外。这主要是因为树龄不同，枝条内部的营养物质含量也会出现显著的差异，同时在新陈代谢等方面也会有较多不同。从桢楠的具体生活习性与内部代谢情况来看，那些年龄比较小的桢楠插穗的新陈代谢能力较强，能够快速生根，但是往往没有储存充足的营养物质，因此在最终生根过程中可能会遇到一定阻碍。同时这类桢楠枝条对于外部负面因素的抵抗能力也比较弱，容易发生腐烂等情况，而年龄较大的桢楠虽然累积了较多营养物质，但内部代谢不旺盛，可供利用的营养物质含量较少，因此也很难生根。赵惠（2019）以桢楠 1 年生、2 年生和 8 年生插穗为试验材料，研究了不同母树年龄对桢楠生根的影响。研究结果显示，营养物质含量的不同是影响母树年龄生根的最大原因之一。之所以出现这种情况，主要是因为 2 年生的桢楠本身就有较强的细胞分化能力，同时内部新陈代谢相对来说也比较旺盛，而且木质化程度适中，最终扦插生根率及存活率较其他年龄桢楠高。而观察 1 年生的桢楠插穗也可以知道，虽然这些桢楠枝条在分化能力和新陈代谢等方面表现得更加出色，但是这类桢楠在外部抵抗能力方面表现不足，同时枝条内部累积的营养物质也比较少，最终使 1 年生的桢楠在生根上出现了较多的困难。而 8 年生的桢楠插穗虽然内部营养物质含量较充足，但体内代谢能力差，可供利用的营养物质含量较少，在其他方面也有较大的欠缺，且体内生根抑制物较多，因此很难通过扦插来进行生长发育。

第二节　桢楠组织培养技术

一、组织培养技术研究进展

（一）植物组织培养概述

植物组织培养是利用植物细胞具有全能性的特点，在人工干预引导的环境下将选择、消毒后的外植体置入特定配制的目标培养基中诱导，最终形成完整植株的过程。具体是指选取植物的某一器官（如根、茎、叶、花、芽、种子等），经过一系列的清洁、消毒、杀菌处理，在无菌环境下将其置于预先配制好的培养基中，给予适宜的生长环境（如光照、温度、湿度等），通过人为改变某些因素，诱导出愈伤组织、潜伏芽以及植物根系等，最终经过培育形成一棵完整的植株。

由于此过程中，培养材料从母株剪切分离后仅在三角瓶中培养，与母树再无接触，所以又叫离体培养或者试管培养。随着科学技术的不断发展，组织培养技术越来越成熟，应用范围也越来越广泛，涉及植物生理学、生理生态学、遗传学、病理学、医药学以及生物化学等方向，特别是在珍贵物种的保护与繁殖、良种选育以及农业工业化生产上的应用，很大程度上提高了效率，具有可观的社会效益，潜力巨大，前景广阔。

（二）植物组织培养的分类

组培类型可按照所用培养基形态、培养对象以及培养方法的差异而分为不同的类别。

按照培养基的形态可以分为固体和液体培养基，主要根据所加入的琼脂、卡拉胶或凝胶等凝固类物质的量来达到效果，而液体培养又可进一步细分为纸桥、静态、旋转以及振荡培养。

按照培养对象又可以分为组织、细胞、器官和胚胎培养以及原生质体培养。组织培养是指对植株的各组织（皮层、木质部、分生组织以及愈伤组织等）的培养。细胞培养指以活性好的微小游离细胞为材料的培育生长过程。植物器官培养是指以植株叶片、茎段、根系、花果等部位为材料的离体培养。胚胎培养是指选用成熟胚或将要成熟的胚为接种体的培养过程，该培养方式有利于自然状态下不能正常发育成完整胚的个体的繁殖与保护。原生质体培养是将脱离胞壁的原生质取出置于培养基中继续培养，原生质体培养能够使无壁接种体（原生质）二次长出胞壁，并且形成愈伤组织、细胞团以及完整植株。

按照培养方法差异，又可分为单细胞、悬浮、平板和微室培养。

（三）植物组织培养的应用

随着科学技术的不断发展，组培技术也越发成熟，应用范围也更为宽广，以下主要从四个方面进行介绍。

第一，在生产栽培方向的应用。利用组培技术进行培育繁殖可以不受外界气候环境的影响，长时间进行高效培育繁殖，而且与自然状态下的有性繁殖相比较，组培技术能够稳定保持母体的优良性状，保证组培苗的品质，缩短生长周期，节约土地与养护管理成本，在现代这个快速发展的社会，组培技术在进行科学生产上更具优势。与此同时，植物都是长期生长在土地里的，随着不断的生长发育以及逐代繁殖或者无性繁殖，植株体内积累的毒素或者感染的病毒也逐渐增加。相关研究认为，大多数植物体内都存在着超过 500 种植物病毒，且目前还未有有效的方式来防治病毒感染，长久以往，植物的优良性状会逐渐退化，甚至出现变异，品质也会越来越差，以致影响经济效益，阻碍经济发展。而组培技术以植物新长出的还未感染的茎尖分生组织为外植体，经过诱导培养获得脱毒苗，减少长期积累的病毒对苗木品质的影响。目前，在农林产业的大规模生产上，运用组培技术实现脱毒苗的获取已经较为普遍，我国已经在瓜果蔬菜、花卉、树木等上成功获得脱毒苗，获取明显的经济效益和社会价值。还有部分自然状态下繁殖率低或者近乎无繁殖能力的、不能播种繁殖的优良或稀少物种以及一些新品种，利用组培快繁技术可以很大程度上提高繁殖率，解决其繁殖问题。

第二，在遗传育种方向的应用。由于植物种属间的亲缘关系，部分物种间的杂交过程会受生理代谢影响，从而导致发育不完全，或种子不能正常发育，不能顺利得到杂交品种。可以通过组培技术，将早期的杂种幼胚取下置于培养基中进一步培养发育，得到杂交植株。此外，还可将花粉或花药作为材料，直接撒入培养基中，获得纯品系的单倍体植株，这种新型的育种方式能提高育种效率，缩短时间，对于现代农林业的杂交育种意义深远。

第三，在种质资源保存方向的应用。对于一些品质优良、特殊奇异的品种，往往会选用其种子作为种质资源保存，但在保存的过程中，难免会因外界环境的变化而改变其正常遗传。组培环境下可以对其进行无菌离体培养，此方法不受地区影响，可人为控制生长速度，高效且不会改变性状，真正做到了种质资源的保存与保护，而且也利于后期移动与研究。

第四，遗传、生理、病理等方向的研究。组培技术的发展推进了基因遗传、生理、病理学等的研究与发展，与此同时，前几项的发展也促进了组培技术的广泛应用，两者是相互促进的关系。

二、木本植物组培研究进展

草本植物的组培技术目前已经相对成熟，且也已经大范围应用，但木本植物生长周期长，基因型多，植株体内多含各种多酚物质等，这些因素严重阻碍了木本树种的组培进程。相较于花草类植物进展，林木组培还处于摸索阶段。

由于木本植物长期生长在田间或者野外，因此首先进行的组培的第一步——无菌体系的建立，难度就非常大，天气、时间、树龄、部位、大小等不同，结果都会有所变化，有时还会出现内生菌的情况，即使初期已经成功建立了无菌体系，但随着后期的继续培养，污染也会慢慢显现。其次，即使是同一树种，由于基因型的不同，基础培养基的适应能力也会有变化，而且有时母体相同，初代与继代的原始培养基也会有调整。最后，木本植物多含多酚类物质，容易造成外植体褐化，影响其正常生长与细胞分裂，这对于木本植物的组培研究也是一大阻碍。目前已经有很多木本植物成功利用各类外植体诱导出了完整植株，如楸树、龙脑樟、君迁子、柳树、杨树、樱花、红枫等。据了解，现在已经有人通过技艺改良实现了无糖式组培、开放式组培以及新光源使用等，这些技术的更替加快了组培的发展进程，也节约了成本，提高了生产效率，增加了商业价值。

随着经济的增长，人们的精神需求也逐步提高，对木本观赏植物的需求也越发广泛，如何得到性状佳、品种优良或者纯系树种，以及利用组培技术结合基因工程等创造新品种来满足大众需求，成为科研人员研究的重要课题。很明显，目前的成果还不足以满足需求，仍需进一步研究、探讨，以更早实现木本植物快速高效繁殖，为林业生产、园林绿化、物种保护等提供材料。

（一）木本植物组织培养的影响因素

1.外植体选择

外植体选择对于木本植物组培的进行有着重要作用，很大程度上决定着能否成功诱导出完整植株，虽说按照植物的全能性，随意选取某一植物的任意部位都能够得到组培苗，但经前人不断研究探索发现，结果并不是这样的，在母体唯一的情况下，也会因培养材料、采用部位、组织、生长时间、发育水平以及生理状态的差异而出现诱导结果的改变。外植体过大或者过小都不利于组培的顺利进行，选取的外植体过大，易造成消毒处理不完全，或者加大内生菌的可能性，污染率过高，而外植体过小，易出现外植体死亡，存活率低的情况。采集外植体部位不同也会影响结果，一般采用植株新生的幼嫩部位，如顶芽、带芽茎段、茎尖、根尖、幼嫩叶片等，而且基部萌蘖枝条的再生能力高于其他部位。在选择外植体的组织上，一般选取茎尖、根尖的分生组织，形成层，嫩叶基部分生组织等。对于时间上的选择，要注意选用新生的幼嫩枝条，而且研究表明，母体的生理年龄也会对组培产生影响。采集外植体时要充分考虑其全能性的显现能力，如分生能力、生长能力等，一般选用芽体、嫩茎、根尖等新生部位。当培养条件相同时，同时选择芽和茎段作为外植体材料以干预诱导，相较之下，芽体能比茎段更早、更快地诱导出愈伤，而且芽体经诱导出现的愈伤长速快于其他部位。当叶片作为材料时，由于幼叶的分生能力和生长能力都很强，因此极易发生脱分化，出现愈伤，与此同时，叶基部以及叶脉愈伤发生时间要早于其他位置。

2.培养基

通常，组培试验中多使用固体培养基，并且基础培养的选择一定程度上影响着试验结果。木本植物的基础培养基常用的有 MS、WPM、DKW、B5、SH、CM 等。大部分选用 MS 或者改良的 MS，还有人选用大量减半的 MS。经过多人验证总结可知，在进行试管苗的不定根诱导时，1/2MS 培养基的成功率高于其他基础培养基，而且，根据选取材料的不同，目标对象的差异，基础培养基的选择也会有所不同。

3.碳源

任何植物生长都需要足够的养分，试管苗生长所需要的能源物质主要来自碳源。目前常用的碳源主要是蔗糖、葡萄糖、麦芽糖、果糖和乳糖，使用最广泛的是蔗糖，常用浓度一般在 2%～3%，随培养的植物种类差异有所调整。除了为植物生长提供能源物质，碳源还在维持细胞代谢和调节渗透压方面发挥作用。张红晓、经剑颖（2003）认为，培养杨树时培养基中的糖含量超过 3%，易造成愈伤组织褐化，但浓度太低又不利于愈伤组织的诱导和分化，易出现玻璃化现象，所以有人提出对于已经出现玻璃化现象的试管苗可以适当提高糖含量，以改善或降低玻璃苗的发生率。

4.植物生长调节剂

植物生长调节剂对于木本树种组培有很大影响，其种类、浓度以及使用时长等都或多或少地影响着研究结果。植株种属个体差异对各激素的需求以及表现也会有变动，所以在使用时也会相应有所调整，NAA、IAA、IBA、6-BA、KT、TDZ 和 ZT 是目前使用率较高的，且研究表明，低水平生长素更易于诱导出不定根，而且 IBA 的效果相对明显，后期根系长势佳，当分裂素与生长素比例大于 1 时，易顺利诱导出现不定芽，反之易诱导出不定根。此外，赤霉素对于细胞伸长有较为明显的促进作用。

5.培养条件

组织培养的主要培养条件是光照、温度、湿度、pH 值等。植物生长依靠光合作用积累能量，适宜的光照促进细胞分化，影响器官的发育，一般控制在 16 h 光照、8 h 黑暗是较为适宜的，光照强度一般保持在 1 500～3 500 lx，不宜过强也不宜过弱，强光照易提高多酚氧化酶的活性，加速老化褐变，低光照又易出现黄化苗或者生长缓慢的情况。温度是和光照同时作用于植物形态的建立过程中的，大多数植物的适宜生长温度为 20～28℃。湿度通常只要控制在 70%～80%就能基本满足植株的生长需要。对于 pH 值，培养的植物种类不同所需要的 pH 值也会有差异，大多数植物生长偏爱弱酸性环境，然而也有一些植物在中性或稍碱性环境中生长得更加旺盛。

（二）木本植物组培玻璃化现象

玻璃化是木本材料在组培期间发生的生理学病症，玻璃化试管苗呈半透明泡水状，叶片不正常膨大或皱缩，叶脆易破损，分化能力弱，且移栽到其他人工基质或土壤中难以成活，严重阻碍了组培快繁、规模化生产育苗等发展进程。成分含量、生长条件以及材料种类都会造成玻璃化。前人研究表明，培养瓶中的湿度过高易出现玻璃化，可适当增加琼脂的含量或者碳源的含量来减少玻璃化的发生，还有人发现使用高浓度BA出现玻璃苗的概率较高，降低BA的浓度一段时间后则会有所缓解。

（三）木本植物组培中褐化现象

木本植物大多数含有较多酚类物质和一些次生代谢物，在进行组培时，切割操作会破坏原有的细胞结构，使细胞膜破裂，其中的酚类物质会与多酚氧化酶密切接触发生氧化，最后出现外植体褐化，外植体褐化后就很难再进行正常生长，或生长缓慢甚至逐渐死亡，从而严重影响组培的继续进行。

不同情况下，促使木本树种组培过程中发生褐化现象的影响要素也有所区别，主要有选择的组培植物种类、选取的外植体的生长部位、生理状态、营养状况、外源激素的添加种类以及含量、操作工序以及培养条件等。外植体褐化严重影响了组培的持续进行，研究人员都在尝试各种方法来减轻这一现象的发生，目前使用的方法有选择合适的外植体以及较为适宜的培养条件，使用防褐化剂，连续转接以减少外植体与培养基中的酚类物质。使用冷藏的方法提前处理材料也能减轻外植体的褐化。

三、桢楠组织培养研究

桢楠的组培技术目前还处于早期探索阶段，能够查到的文献相对较少，魏欢平等（2013）以桢楠嫩叶为材料，成功诱导出桢楠愈伤，以2.0 mg/L NAA＋2.0 mg/L 6-BA组合效果最佳，而且叶的诱导率要高于带叶芽。龙汉利等（2011）

利用控制变量法，进行桢楠的扦插对比试验，得出桢楠扦插时添加 200 mg/L 的 NAA 生根率最为显著，而且在黄沙基质中的生根率最高，高达 99%；此外，生根率还受季节影响，春季的实验组生根率最高达到 100%，其次是夏季，然后是秋季，冬季生根率最低。曾武等（2015）研究发现，用 NAA 和 IBA 对插条进行提前浸泡，能将桢楠生根率提高到 90%以上，而且扦插基质以黄心土与河沙 1∶1 的混合基质效果最佳，他们还发现季节对桢楠扦插生根率并无太大影响，这与龙汉利等的研究结果有所出入，所以还需进一步细致研究，明确季节是否对其有影响作用。舒金枝等（2009），余道平等（2015）以及宋光满等（2016）在进行桢楠的相关试验中发现了桢楠的多胚现象，其中二胚率最高，三胚、四胚的概率相对低一点，而桢楠因其生长周期长，在组培试验中取材较困难，桢楠的多胚现象为桢楠组培提供了更多取材途径，且在其培育上有很大的指导意义，如何更好地利用这一资源还需进一步深入研究。

余云云（2019）从无菌体系的建立、初代培养、继代增殖、生根诱导以及愈伤诱导优化五个方面对桢楠组织培养技术进行了试验探讨，筛选出适宜桢楠的组培条件，构建了较为完整的桢楠组培体系，这对保护珍稀树种的种质资源，增加桢楠繁育方式，扩大园林景观树种选择，解决桢楠资源缺少现状等具有重要的意义。关于桢楠组培体系研究的主要试验结果如下：

（1）桢楠带芽茎段的最佳消毒措施是以 0.1% $HgCl_2$ 溶液处理 4.5 min，污染率控制在 40%左右，此时萌发率最高，达到了 68.42%。在此基础上增加处理时间，以 0.1% $HgCl_2$ 施以 5.5～15 min 时的污染率没有区别，但是芽萌发率却降到了 15.39%。以 0.1%升汞浸泡外植体 3.0～3.5 min，或者用不同浓度的 NaClO 溶液浸泡 15 min 时，污染率突增，达到了 90%左右。

（2）桢楠启动培养时，最宜芽萌发诱导培养基为 1/2MS＋2.0 mg/L 6-BA＋1.0 mg/L ZT＋0.3 mg/L IBA，且外植体采用幼嫩新梢带芽茎段最为适宜，取材时间控制在四月份时，启动培养的效果最好，污染率只有 6.72%，成活率高达

95.96%，芽萌发率达到 71.19%。

（3）诱导桢楠丛生芽增殖培养时，最佳的培养条件是以启动培养中外植体年龄为 2～3 月幼苗所萌发的新芽为材料，以 1/2 MS 为基础培养基再添加浓度为 0.5 mg/L 的 TDZ 和 4.0 mg/L 的 GA3，此时新生芽增殖系数达到 2.92，且芽增殖现象出现早，红绿色新生芽长势好，生长健壮。

（4）桢楠根系诱导时，当 NAA 和 IBA 都在 0.01～1.0 mg/L 的不同浓度水平下诱导生根时，仅发现愈伤组织并且未观察到根系。当处理为 1/2 MS＋0.01 mg/L NAA＋0.2 g/L 活性炭时能成功长出约 2 cm 的白色粗健强壮根系，但是生根率不高，只有 8.33%。

（5）进行桢楠愈伤诱导时，以幼叶作为外植体材料，基础培养基选用 MS 再添加 0.5 mg/L 6-BA＋5.0 mg/L NAA，暗培养一周左右再进行光培养，愈伤诱导率最高达 96.87%，几乎每个外植体上都诱导出大量密集点状愈伤，质地疏软，呈白色偏绿色。

第三节　施肥对细叶桢楠苗木生长与生理影响

细叶桢楠，又称细叶楠，为樟科高大常绿乔木，高达 25 m，胸径 60 cm；树皮暗灰色，平滑。枝条较细，幼枝有棱脊，密被灰白色或灰褐色柔毛，后渐脱落。叶革质，椭圆形、椭圆状倒披针形或椭圆状披针形，长 5～8 cm，宽 1.5～3 cm，先端渐尖或尾尖，尖头镰状，基部窄楔形，上面幼时有毛，后脱落无毛或仅沿中脉有小柔毛，下面密被平伏小柔毛，中脉细，上面下凹，侧脉纤细，10～

12 对，上面不明显，下面明显，网脉在上面不明显；叶柄细，长 0.6～1.6 cm，被柔毛。花序长 4～8 cm，被柔毛；花长 2.5～3 mm；花梗与花近等长；花被裂片卵形，两面密被灰白色长柔毛；花丝被毛，腺体无柄或近无柄。果椭圆形，长 1～1.4 cm，径 6～9 mm，蓝黑色，微被白粉；果梗不增粗；宿存花被裂片紧贴。花期 4～5 月，果期 8～9 月。光照充足、温暖和高温湿润的环境条件适宜其生长，不耐干旱和寒冷，有较强的抗风性和抗大气污染能力。其木材坚硬致密、纹理美观、含芳香物质，强度高、耐腐、抗白蚁，是我国珍贵的用材树种，被广泛应用于建筑、家具、船舶及雕刻等。此外，细叶桢楠树干高大、通直、挺拔，树冠浓荫，四季常青，为我国著名的观赏树种之一。细叶桢楠现主要分布于四川、重庆、贵州、云南、陕西南部及湖南西北部地区，多在海拔 1 500 m 以下的密林处，自然分布稀少，属于濒危物种。

一、苗木施肥研究进展

（一）容器育苗及苗木施肥

苗木是造林、营林的关键，苗木质量直接影响造林效果。苗木质量低劣，造林成活率低，会影响整个造林进程，造成资金、人力的浪费。苗木质量高，造林成活率、保存率高，成林迅速，是实现林分速生丰产，发挥林分生态效益、社会效益和经济效益的保障。林业用容器苗是指用特定容器培育的林木幼苗，在移苗栽种时，容器苗能随根际土团栽种，起苗及栽种过程中根系受损伤较少，能保持较完整的根团，移栽后成活率及保存率高、生长旺盛，对不耐移栽的苗木尤为适用，在造林地较差的条件下，容器苗比裸根苗更具有优势。目前，常通过除草、驱虫、水肥管理等手段来提高容器苗的质量。施肥为苗木的生长、发育提供营养物质，能增加苗木体内养分含量，改善苗木质量，在容器苗培育的过程中至关重要。

（二）营养元素对苗木生长与发育的影响

氮、磷、钾是苗木生长与发育所需的必要营养元素，也是需求与作用较大的三种元素。

缺少氮元素时，苗木的生长会受到相当大的抑制，尤其是对地上部分生长的限制，苗木叶片会出现失绿的现象，并从老叶开始，慢慢呈淡黄色而提早掉落。又因氮元素是蛋白质、酶、核酸、叶绿素及其他含氮物质的组成部分，当氮元素供应不足时，苗木细胞分裂、物质代谢转换、光合作用等一系列生理生化活动将严重受到制约，整株苗木表现为矮小瘦弱、发育不良。

磷元素是磷脂、核酸、腺嘌呤核苷三磷酸（ATP）等的重要组成元素，亦是各种酶活化反应、信息能量传递等重要生理生化过程的参与者，当苗木缺磷时，其根系会发育不良，植株生长发育迟缓，表现为叶茎细长，有时呈紫色，靠近根茎的老叶开始发黄，然后干枯，掉落，若未及时得到补充，情况就会越来越严重。

钾元素能调节细胞渗透压，控制叶片的气孔开闭，减少水分损失。同时，钾元素也参与植物体内多种酶的活动，影响植物体内物质运输及蛋白质、脂肪、淀粉等的合成。缺少钾元素时，苗木细胞壁变薄、机械组织不发达，生长缓慢，会出现茎软弱、易倒伏，抗病虫害能力下降，叶子边缘黄化、焦枯、碎裂、叶脉间有坏死斑点等问题。

大量研究表明，氮、磷、钾三要素对苗木生长有明显的交互作用，氮、磷、钾三种肥料作用各有不同，单施一种或搭配比例不适均不能很好地促进苗木的生长。刘灿等（2016）在对刺叶锦鸡儿（*Caragana acanthophylla* Kom.）苗木的施肥研究中发现，采用适宜的氮磷钾配比施肥能显著促进刺叶锦鸡儿苗木的生长并提高苗木质量。

（三）施肥对苗木生长的影响

1.施肥对苗高、地径、叶面积和生物量的影响

许多学者的研究表明，在植物生长发育过程中，矿质营养起到至关重要的作用，为其生长提供必要的养分，科学合理施肥能满足苗木对养分的需求，起到促进苗木生长与发育的作用，能较为有效地提升苗高、地径、叶面积和生物量等指标。徐志红等（2020）以赤皮青冈（*Cyclobalanopsis gilva*）1 年生幼苗为研究对象，采用盆栽施肥试验法，研究施肥对其生长的影响，其研究结果表明，施肥组的苗高、地径和生物量指标均比不施肥组 CK 高。万项成（2019）以抚顺造林地 2 年生蒙古栎（*Quercus mongolica*）为研究对象，选用当地常用的 4 种不同氮磷钾配比农用复合肥进行施肥试验，其研究发现，相较于 CK，在不同浓度处理下的各种肥料对于蒙古栎生长都有一定的促进作用。李文（2020）采用 L9（3^4）正交试验，研究了氮磷钾配比施肥对 1 年生青钱柳（*Cyclocarya paliurus*）生长的影响，研究表明，配比施肥对青钱柳的苗高、地径和生物量均有显著影响，大多数施肥处理组的苗高年生长量、地径年生长量、总生物量显著大于对照组，表明氮磷钾配比施肥促进了青钱柳的生长。郝龙飞等（2014）的研究显示，常规施肥组与指数施肥组的总生物量和叶面积均比不施肥组 CK 大，施肥能增大叶面积，使苗木光合面积增加，积累更多的生物量。

2.施肥对根系的影响

根系是苗木吸收水分和养分、参与体内物质合成与转化过程的重要功能性器官，其数量、分布和构型等特征对苗木的生长发育有重要的影响。施肥不仅对苗木地上部分的生长有促进作用，同时也能提高苗木根尖细胞的活力，促进苗木根系的生长。彭凌帅等（2020）的研究发现，施肥对棕榈（*Trachycarpus fortunei*）幼苗根系的生长有显著促进作用，其总根长、根系表面积、根系总体积、根系直径和根尖数等指标均有提升。杨阳（2020）的研究显示，施肥显著增加了紫椴苗木的根系形态指标，各施肥处理组总根长、总根表面积与总根体

积均比不施肥组 CK 大。王天（2020）的研究发现，增施适量氮、磷、钾肥可通过降低根系相对电导率，提高根系活力、根系含水量、可溶性糖、可溶性蛋白与脯氨酸含量，增加根长、根表面积、根体积与根总数，降低根平均直径，改变根系在土壤中的空间分布等方式来促进根系对养分的吸收利用。

3.施肥对各器官营养元素含量的影响

施肥在一定程度上能提高苗木叶、茎、根中营养元素的含量。曹钰等（2019）以美国流苏（*Chionanthus virginicus*）1 年生苗为试验材料，采用正交试验，开展美国流苏容器苗 N、P、K 配比施肥研究，其结果显示，在叶片养分积累中，叶片 N 单株质量、叶片 P 单株质量、叶片 K 单株质量、叶片 N、P、K 总单株质量的最小值均为不施肥处理组 CK，表明施肥提高了美国流苏 1 年生苗叶片中 N、P、K 的含量。潘平平等（2018）的研究结果表明，与对照（T0）相比，不同缓释肥处理均显著提升了薄壳山核桃（*Carya illinoensis*）苗木叶、茎、根中 N、P、K 的含量。韦剑锋等（2017）以麻风树（*Jatropha curcas*）FD-8 号为试验材料，采用盆栽法研究不同施肥处理对麻风树养分含量及积累量的影响，研究表明，施肥可以提高麻风树 N、P、K 的含量和积累量。李毓琦等（2021）以半年生降香黄檀（*Dalbergia odorifera*）苗木为研究对象，其研究结果表明，降香黄檀叶片的 N、K 含量随施肥量的增加而增大，而 P 含量则趋于稳定，可见不同元素的富集对于肥料增施的响应也不同。

（四）施肥对苗木光合特性的影响

苗木的光合作用是叶片吸收光能，并将水和二氧化碳合成有机物，实现光能转化为化学能的复杂生理过程，是苗木制造有机物、实现自养、积累干物质和维持自身生长与发育的重要途径。大量研究表明，科学适量的施肥可以增强苗木叶肉细胞的光合活性，提升气孔开放程度。随着气孔打开程度的增大，参与光合作用的 CO_2 含量增加，且光合产物 O_2 的释放也会相应加快，并提高苗木在单位蒸腾水分条件下对光能的吸收利用速度，使光合速率得到提高，达到调节和改善苗木光合性能的效果。

张青青等（2021）以柚木（*Tectona grandis*）为研究对象，探究不同施肥处理对叶片光合生理特征的影响，其研究结果表明，施肥处理显著提高了柚木的光合能力，与不施肥 CK 相比施肥处理组的 Pn 和 WUE 均高于 CK 组。谭飞（2016）的研究发现，适量施肥（每袋 0.2 g 复合肥）可以促进桢楠多胚幼苗叶片的叶绿素合成，延长叶片功能周期，增大 Pn 和 Gs，降低光补偿点、CO_2 补偿点，提高光饱和点、CO_2 饱和点，进而提高桢楠多胚幼苗在强光照、高 CO_2 环境下的光合能力和适应环境的能力。张往祥等（2002）在对 2 年生银杏苗木施肥的研究中发现，氮、磷、钾肥的适量供给有利于银杏苗木 Gs、WUE 和 Pn 的提高。

（五）施肥对苗木叶绿素荧光的影响

在常温常压条件下，叶绿素荧光主要来源于光系统Ⅱ的叶绿素 a，而光系统Ⅱ处于整个光合作用过程的最上游，因此包括光反应和暗反应在内的多数光合过程的变化都会反馈给光系统Ⅱ，进而引起叶绿素 a 荧光的变化，也就是说几乎所有光合作用过程的变化都可通过叶绿素荧光反映出来。荧光参数 Y（Ⅱ）反映了光合机构目前的实际光能转换效率。由光合作用引起的荧光淬灭称为光化学淬灭 qP，光化学淬灭反映了植物的光合活性。光系统Ⅱ的相对电子传递速率 ETR，反映了经过光系统Ⅱ的相对线性电子流速率。

荧光参数 Y（Ⅱ）、qP 和 ETR 在一定程度上能反映苗木的光合能力，刘欢（2018）在对 1 年生杉木（*Cunninghamia lanceolata*）无性系幼苗的施肥试验中发现，施肥组的 Y（Ⅱ）、qP 和 ETR 值均比未施肥组 CK 高，表明适量施肥能提高荧光参数，增强苗木光合性能。

（六）施肥对苗木生理指标的影响

许多苗木施肥研究指出，科学有效的施肥能提高苗木叶绿素、可溶性蛋白和可溶性糖的含量，增强苗木光合性能，提高内含营养物质，减少丙二醛含量，提高苗木抗性。

1.叶绿素

叶绿素是植物进行光合作用的主要色素，是一类含脂的色素家族，位于类囊体膜。叶绿素吸收大部分的红光和紫光，但反射绿光，所以叶绿素呈现绿色，它在光合作用的光吸收中起核心作用，不仅吸收、传递光能，还可将光能转化为电能，其含量及其组成决定了植物对不同光的吸收、利用效率，常常作为研究光合生理的重要指标。陈祖静等（2019）对辣木（*Moringa oleifera*）幼苗的研究发现，施肥能促进辣木幼苗叶绿素 a、叶绿素 b 和总叶绿素的合成，施肥组叶绿素 a、叶绿素 b 和总叶绿素的含量均比不施肥 CK 组高。黄正金等（2018）在对山核桃的施肥研究中也发现，随着施肥量的增加，叶绿素 a、叶绿素 b 和总叶绿素也呈上升趋势。解春霞等（2011）的研究发现，施肥对杨树黄化苗木叶片中叶绿素含量的升高有促进作用，施肥后叶片中叶绿素含量显著高于未施肥 CK。

2.可溶性蛋白

可溶性蛋白是重要的渗透调节物质和营养物质，也是苗木细胞中含量最丰富的生物大分子物质之一，是生命体结构和功能最重要的物质基础，它的增加和积累能提高细胞的保水能力，对细胞的生命物质及生物膜起到保护作用。杨秀玲等（2020）在当年 6 月和 10 月对 1 年生小叶楠（*Phoebe microphylla*）幼苗叶片可溶性蛋白的测定中发现，不同施肥组可溶性蛋白含量均高于不施肥组 CK，表明施肥能提高苗木可溶性蛋白的含量。李文（2020）在对 1 年生青钱柳的施肥研究中发现，施肥能显著增加苗木叶片可溶性蛋白的含量。

3.可溶性糖

植物体内的可溶性糖主要指能溶于水及乙醇的单糖和寡聚糖，是苗木体内重要的能源物质，是维持苗木正常生理活动及生长发育的基础。曾进等（2018）发现，适量的磷肥能促进芳樟（*Cinnamomum camphora*）叶片可溶性糖的生成。吴国欣等（2012）在氮磷钾配比施肥对降香黄檀苗木影响的研究中发现，施肥处理组叶片中可溶性糖的含量均比未施肥组 CK 高，施肥能提高苗木叶片中可溶性糖的含量。

4.丙二醛

当苗木受到外界环境胁迫或自身抗性下降时，自由基会作用于膜脂发生过氧化反应，氧化终产物为丙二醛，会引起核酸、蛋白质等生命大分子的交联聚合，且具有细胞毒性，会导致苗木细胞的死亡，影响各生理活动的正常进行。因此，可通过丙二醛了解膜脂过氧化的程度，以间接测定膜系统受损程度以及植物的抗逆性。研究发现，当 N、P、K 配比施肥合理时，苗木叶片内的丙二醛含量较不施肥 CK 会减少，苗木抗性得到了提高。

（七）苗木常用施肥方法与适宜施肥量

苗木常用的施肥方法有常规施肥法和指数施肥法。常规施肥法是在一定时期内等量添加肥料的方法，而指数施肥法是以指数递增形式添加肥料的方法。指数施肥法建立在“稳态营养”理论上，与常规施肥相比，其优势在于添加肥料的速率同苗木的指数式生长速率相匹配，在节约用肥、减小环境污染的同时，又能满足苗木不同生长时期对养分的需求，能尽量多地将肥料以养分的形式固定在苗木体内，待造林后苗木利用固定的养分来促进根系和顶芽的生长。

自瑞典生态学家 Ingestad（1986）创立“指数养分承载理论”后，国内外许多学者做了有关指数施肥的研究。朱小楼等（2018）的研究发现，指数施肥组 EF 的苗高、地径、地上生物量、地下生物量、总生物量以及地上与地下部分 N、P、K 的积累均高于常规施肥组 CF，指数施肥显著提高了落羽杉（*Taxodium distichum*）幼苗的生长。孟庆银等（2020）在不同施肥处理对杉木容器苗影响的研究中发现，指数施肥组（A、B、C）的地径均大于常规施肥组（D、E），而在高径比指标中指数施肥组均小于常规施肥组，说明指数施肥处理下的杉木容器苗质量更好，且在随后造林生长的对比中，指数施肥组 B、C 生长最佳。

苗木适宜的施肥量因肥料的种类，施肥的方法，苗木的品种、树龄等因素而有所差别，较少或过多的施肥量均不利于苗木的生长发育，较少的施肥不能满足苗木生长时的营养需求，过多的施肥反而对苗木产生毒害，抑制苗木的生长，只有适量的施肥才能有效地促进苗木的生长与发育。贾永正等（2020）在研究施肥对七叶树（*Aesculus chinensis*）苗木生长的影响中发现，在一定范围内，施肥对七叶树苗木生长有显著促进作用，但随着施肥量的逐渐加大，七叶树苗木生长反而降低或提高不显著。李茂等（2020）的研究发现，随着施氨量的增加，杉木幼苗的苗高、地径、生物量和苗木质量指数指标均呈先升后降的趋势，最佳施氨量为 120 mg/株。

二、施肥对细叶桢楠容器苗生长与生理影响

（1）施肥是培育优质容器苗的重要环节之一，科学合理的施肥能明显促进苗木生长。周磊（2021）以一年生细叶桢楠容器苗为试验材料，配置 15 种配方进行常规施肥，以 T10 的配方及施肥总量设置氮素指数施肥组 T16，以不施肥 CK 为对照，共 17 个处理组，测定各组生长、根系、元素、光合、荧光及生理指标，并运用苗木质量指数、主成分分析、隶属函数等综合评价方法研究探讨不同施肥对一年生细叶桢楠容器苗生长与生理的影响，以期找出适合一年生细叶桢楠容器苗生长的施肥方案。试验各处理组除 T2 的叶面积、T2 和 T15 的生物量指标比 CK 略低外，各施肥组的苗高、地径、叶面积、地上生物量、

地下生物量和总生物量指标均比 CK 高。其中 T16 的各指标值均达到组间最大，其苗高、地径、叶面积、地上生物量、地下生物量和总生物量比 CK 分别高 37.46%、44.72%、72.70%、95.83%、115.00%和 104.55%。与不施肥相比，施肥显著促进了细叶桢楠容器苗的生长，这与王莉姗（2017）的研究结论一致，施肥对海南风吹楠（*Horsfieldia hainanensis*）幼苗各生长指标均有显著影响，在一定程度上促进了其生长。刘斗南（2020）的研究显示，施肥处理后，一年生胡桃楸（*Juglans mandshurica*）苗木的苗高、地径、叶生物量、茎生物量、根生物量和总生物量均比未施肥 CK 高，施肥显著促进了胡桃楸苗木的生长。

（2）许多研究表明，苗木根部生长的营养环境因施肥而改变时，苗木能通过调节生理，比如活化根尖细胞活力和调整根系形态来应对营养供给的差异，以适应外界环境的变化。王晓等（2020）对一年生闽楠幼苗的研究中发现，施肥组的根系活力显著高于未施肥组 CK，表明施肥能有效提高苗木根尖细胞活力。及利等（2020）和郝龙飞等（2014）的研究也表明施肥提高了根系活力、根部含水量和营养物质，苗木通过调整根系形态以应对营养环境的改变，验证了施肥对苗木根系生长的促进作用。试验中，各施肥组的根系活力 Ra 值均高于 CK，施肥提高了苗木根尖细胞活力，增强了根尖对水分和养分的吸收，促进了苗木根系的生长，其对根系形态影响的结果表现为，各施肥组的总根长、总根表面积、根平均直径和总根体积均比 CK 高。根系最发达的 T10 和 T16 比根系生长最差的 CK 总根长增加了 108.79%和 109.47%，总根表面积增加了 70.49%和 66.50%，根平均直径增加了 64.58%和 79.17%，总根体积增加了 156.82%和 165.91%，根系活力 Ra 增加了 22.05%和 19.45%。

（3）合理施肥能在一定程度上提高苗木叶、茎、根中营养元素的含量，这对于容器苗的培育和造林来说至关重要，因为在造林初期，苗木本身根部吸收能力较弱，所需养分很大程度上依赖各器官储存养分的转移，所以营养元素积累较多的苗木在造林初期会具有较强的抗性和存活率。周磊（2021）研究发现，施肥不同，各处理组叶、茎、根中营养元素的含量也有所差异，整体表现为施肥组的 N、P、K、Ca、Mg 元素总含量高于 CK。N、P、K、Ca、Mg 五种元素的总含量在叶、茎、根中的分配为：叶 LE（35.05～50.29 mg/g）＞茎 SE（17.45～24.71 mg/g）＞根 RE（15.30～23.04 mg/g）。在配方 N_2P_1K（N 为 1.6 g/株，P 为 0.8 g/株，K 为 0.9g/株）的处理下，T9 各器官养分的承载量均有较大值，表现最佳，其养分载量为（LE 为 47.73 mg/g，SE 为 22.86 mg/g，RE 为 23.04 mg/g），CK 的养分总承载量是最低的，其养分承载量为（LE 为 35.05 mg/g，SE 为 17.45 mg/g，RE 为 15.98 mg/g），表明施肥能提高苗木各器官养分承载量。杨阳等（2020）的研究中也有此结论，施肥能显著提高紫椴两年生幼苗全株氮磷钾浓度及储量，所有处理组中不施肥组 1（$N_0P_0K_0$）的氮磷钾浓度及储量均最小。轩寒风（2018）的研究显示，同不施肥处理相比，施肥能显著增加不同世代杉木容器苗根、茎、叶中 N、P、K 养分的累积量。

（4）施肥并不是越多越好，较少和较多的施肥均不利于苗木的生长，较少的施肥不能满足苗木生长时的营养需求，过多的施肥反而会对苗木产生毒害，抑制苗木的生长。而且氮、磷、钾三要素对苗木生长有明显的交互作用，单施一种或搭配不适均不能很好地促进苗木生长。从肥料的搭配和用量上分析，周磊（2021）研究发现，在 N_2P_2K（N 为 1.6 g/株，P 为 1.6 g/株，K 为 0.9 g/株）的搭配下，细叶桢楠容器苗表现最优，以 N_0P_1K（N 为 0 g/株，P 为 0.8 g/株，K 为 0.9 g/株）、N_1P_0K（N 为 0.8 g/株，P 为 0 g/株，K 为 0.9 g/株）、N_3P_3K（N 为 2.4 g/株，P 为 2.4 g/株，K 为 0.9 g/株）等搭配下，细叶桢楠容器苗表现最差。这表明氮、磷、钾三因子之间达到一个用量及搭配的平衡时会对苗木生长起到显著的促进作用，而用量或搭配不合理，就会抑制苗木的生长。周磊（2021）的研究结果表明，一年生细叶桢楠容器苗最适的 N、P 施肥量为 1.6 g/株，最佳搭配为 N_2P_2K（N 为 1.6 g/株、P 为 1.6 g/株、K 为 0.9 g/株）。吴家胜等（2003）在对 25 种氮磷钾肥的搭配筛选中发现，在 N 为 3 g/盆、P 为 2 g/

盆、K 为 4.8 g/盆的搭配下，银杏苗木表现最优。林伟通等（2019）在对 10 种氮磷钾肥的搭配筛选中发现，在 N 为 750 mg/盆、P 为 90 mg/盆、K 为 240 mg/盆的搭配下，浙江闽楠的幼苗生长状况最好，表现最优。连人豪（2020）的研究发现，无患子（*Sapindus saponaria*）苗木随着施肥量的增加，生长指标和养分含量呈先升后降的变化趋势，在 T2 处理（N 为 6g/株，P 为 4.5 g/株，K 为 3 g/株）时，无患子幼苗的生长及养分指标达到较大值，说明氮磷钾肥通过合理的搭配能显著促进苗木的生长和养分的积累。

（5）苗木对肥料的需求因苗木品种、苗木树龄、外界环境等因素都会有所差别，氮是蛋白质、酶、核酸、叶绿素及其他含氮物质的组成元素，缺少氮时将严重阻碍细胞分裂、物质代谢转换、光合作用等一系列生理生化活动，使苗木生长发育迟缓。周磊（2021）研究发现，树种、苗龄和容器基质条件均一致，由各生长指标及各分析排序可见，在主成分分析、苗木质量指数、隶属函数 3 个评价体系中，除主成分分析 T4 比 T1 差外，在相同施肥浓度下，单施氮肥的处理组长势及综合排序均优于单施磷肥的处理组，且整体表现为单施氮肥处理组 T4、T8、T12 优于单施磷肥处理组 T1、T2、T3，说明本试验中氮肥在促进苗木生长的作用上高于磷肥。李鸣（2007）的研究发现，单施氮肥对荷兰 3930 杨苗木生长、生理指标的促进作用高于单施磷肥。

（6）以指数递增添加肥料的指数施肥法比等量添加肥料的常规施肥法在添加速率上更加适应于苗木的生长，以满足苗木不同阶段的养分需求。周磊（2021）研究发现，T16 与 T10 在配方及年施肥量相同的情况下，T16 比 T10 各生长指标都要高，且苗木质量也更佳，表明本试验中采用指数施肥更有利于一年生细叶桢楠容器苗的生长，与徐嘉科等（2015）的研究结果一致。朱小楼等（2018）在对落羽杉幼苗的施肥研究中发现，指数施肥组的地上和地下生长情况及苗木根部 N、P、K 元素的积累均优于常规施肥组。

（7）周磊（2021）研究发现，随着施肥量的增加，Chl、Y（Ⅱ）、qP、

ETR，Gs、WUE 和 Pn 在 6、8、10 月的总和平均值基本呈现出先升后降的变化趋势，这是由于合理的施肥为苗木供应了所需的养分，提升了叶绿素含量，提升了捕光能力。光化学淬灭系数 qP 的提高表明在光系统Ⅱ中用于进行光化学反应的能量占比提高，苗木叶肉细胞的光合活性提升。光系统Ⅱ中 ETR 的提高表明经过光系统Ⅱ的电子流速率增加。合理施肥使光合活性和电子传递速率增高，提升了光系统Ⅱ的实际光能转换效率 Y（Ⅱ）。通过气孔进出叶片的气体有 CO_2、O_2 和水蒸气，随着气孔打开程度的增大，参与光合作用的 CO_2 含量增加，光合产物 O_2 的释放也会相应加快，并提高了苗木在单位蒸腾水分条件下对光能的吸收利用，使净光合速率 Pn 得到了有效的提升。当 N 和 P 的施肥量从中量（1.6 g/株）增加到高量（2.4 g/株）时，Pn 值反而随施肥量的增加而下降，这是由于过多的施肥对苗木造成了毒害，导致 Chl、Y（Ⅱ）、qP、ETR、Gs 和 WUE 的降低，抑制了光合作用。结合叶绿素含量、光合指标与荧光参数来看，T16 与 T10 的光合能力最强，CK 最差，不同施肥处理对一年生细叶桢楠容器苗光合能力有着显著影响，合理的施肥能有效提高苗木光合能力。周维（2016）的研究发现，施肥处理后，一年生格木（*Erythrophleum fordii*）幼苗的光合性能有显著提升，其叶绿素含量和净光合速率均高于不施肥 CK。于彬等（2019）的研究表明，施肥处理后，米老排（*Mytilaria laosensis*）幼苗叶绿素总量有所增加，其净光合速率、气孔导度和蒸腾速率均随供氮水平的增加呈现出先升后降的变化趋势。刘欢（2018）在对 1 年生杉木无性系幼苗的施肥试验中发现，施肥组的 Y（Ⅱ）、qP 和 ETR 值均比未施肥组 CK 高，表明适量施肥能提高荧光参数，增强苗木光合性能。

从光合指标 Pn、Gs、WUE 和荧光指标 Y（Ⅱ）、qP、ETR 来看，在 6 月份指数施肥组 T16 的光合、荧光指标均在全组中间或靠后位置，Pn 位于全组第 9，Gs 位于全组第 5，WUE 位于全组第 15，Y（Ⅱ）位于全组第 9，qP 位于全组第 6，ETR 位于全组第 5。常规施肥组中处于无氮至低氮水平的处理组，其 Pn 值在 5.01～7.30，且只有 T6、T7 的值在 6.63 以上，处于中氮至高氮水平的处理组，其 Pn 值在 5.33～7.56，且只有 T14 的值低于 6.63，整体表现为中氮、高氮水平组光合能力高于无氮、低氮水平组。而到了 8 月和 10 月，T16 的光合、荧光指标均位于全组的前列，表现出同 T10 一样高于其他处理组的光合性能。中氮水平组整体光合能力高于无氮、低氮、高氮水平组。产生这一现象的主要原因是，在指数施肥和常规施肥初期，低水平的供氮量还不能完全满足苗木的需求，苗木各生理活动对氮的消耗限制了光合性能的提高。而到了指数施肥的中后期，供氮量逐渐升高且与苗木的生长速率匹配，不会因过高和不足而制约苗木的生理生化活动，限制光合能力的提高。无氮和低氮水平组在施肥中后期依然会因氮肥的供应不足而限制苗木的光合性能，高氮水平组会因在施肥中后期肥料积累过多而毒害苗木，抑制光合作用。6 月，T10 的 Pn 值大于 T16，而 8 月和 10 月，虽然 T10 的 Pn 值也能维持在较高水平，但还是低于 T16。

从 5 月 30 日至 7 月 18 日，常规施肥组 T10 已完成全年第二次施肥，到最后一次施肥 9 月 5 日还有 7 周，而同配方的 T16 从 7 月 18 日至 9 月 5 日的 7 周内有 7 次递增的供氮量，在苗木生长旺盛的 7 至 9 月，T16 组每 7 天都会有 1 次氮供应，T16 光合性能得到改善的同时也增大了叶面积，T16 较 T10 有更大的光合面积，光合能力的提升和叶面积的增大使 T16 能积累更多的生物量，这也是 T16 在各生长指标上超过 T10 的原因。

（8）研究表明，施肥能提高可溶性蛋白、可溶性糖的含量，减少 MDA 含量，增强苗木抗性。周磊（2021）研究发现，施肥组比不施肥 CK 可溶性蛋白和可溶性糖的含量均有不同程度的提升，6、8、10 月 MDA 的总均值除 T3 比 CK 略高外，其余处理组均低于 CK，表明施肥增强了一年生细叶桢楠容器苗的抗性，使其能更好地稳定苗木内部环境，维持正常的生理生化活动，在生长旺盛的季节制造更多的糖类和蛋白，以供苗木生长所需。亢亚超（2020）研究发现，施肥处理后，一年生观光木（*Tsoongiodendron odorum*）幼苗可溶性蛋白和可溶性糖含量在提高的同时，体内丙二醛含量有所降低，CK 组丙二醛含量最高。张明月（2019）在对罗汉松（*Podocarpus macrophyllus*）苗木施肥的研究中表明，施肥能显著提高苗木可溶性蛋白和可溶性糖的含量，且大多数施肥组丙二醛含量小于未施肥 CK 组，施肥处理提高了苗木的抗性。

（9）相关性分析显示，大多数生长、根系、元素、光合、荧光、生理指标间均呈显著正相关，许多指标呈极显著正相关，表明各生理生化活动与苗木的生长发育之间相辅相成，相互关联，而施肥为这种关联提供了物质基础。科学合理的施肥为苗木带来了充足的养分，增强了根尖与叶肉细胞的活性；苗木生长速度增加，根系的生长与光合能力的提升又促进了地上部分的生长与叶面积的增大，叶面积的增大致使光合面积增加，使苗木累积更多的营养物质、营养元素与生物量，提升了整体苗木质量。由此可见，单个生长、生理指标只反映苗木的某个侧面，而苗木各部分的协调和平衡共同决定了苗木的质量。周磊（2021）研究发现，综合主成分分析、苗木质量指数分析、隶属函数分析可知，T16 与 T10 的综合表现最佳，苗木质量最好，CK 最差，且同配方不同施肥处理的 T16 与 T10 之间，T16 优于 T10，因此最适宜一年生细叶桢楠容器苗的施肥配方为 N_2P_2K（N 为 1.6 g/株，P 为 1.6 g/株，K 为 0.9 g/株），最佳施肥方法为指数施肥法。

第四节　乐山市桢楠母树林的优选

一、母树林概况

母树林是在优良天然林或确知种源的优良人工林的基础上，通过留优去劣的疏伐，为生产遗传品质较好的林木种子而营建的采种林分。通过选择较好的遗传材料，用人工造林方法重新营建的以采集种子为目的的人工林分，也属母树林范围。前者称为改建型母树林，后者称为新建母树林。建立林木良种繁育基地是提高种子质量和产量，实现林木良种化的最好途径。改建型母树林具有投资少、见效快、易采种、质量好、产量高的优点，能在较短的时间内获得较多的优良种子，以供植树造林使用。因此，改建型母树林已成为良种繁育的主要途径之一。母树林是良种繁育的初级形式，是现阶段林木良种化的一项重要手段，其经营目的在于人工选择生育良好的林分，提高林木种子的遗传质量，保持种子产量相对稳定，以长期提供大量的优质种子。

在造林工作的初期阶段，多行随意采种，种子的遗传品质和播种品质参差不齐，且采种作业点分散，产量也不易控制。建立和经营母树林可促使林木提早结果，种子优质高产，采种方便，成本降低。母树林至 20 世纪中叶相继在丹麦、瑞典、芬兰、美国、日本、澳大利亚及欧洲一些国家得到推广，并取得好的成绩。但母树林只是良种繁育的初级形式，现在许多林业先进国家已逐渐为种子园所取代。在中国则因造林用种量大，建立和经营母树林仍是提供种子的一个重要途径。

优良林分的选择，主要源于母树林建立的需要，在天然（或人工）林分中选择优良林分作为培育良种的母树林，是快速、有效地生产种子的主要途径。

二、研究内容

乐山市聚集着大量的天然桢楠林分，大树资源保存多，桢楠资源丰富，是四川省林业部门确定的重点发展桢楠珍贵用材林基地的重点地区之一，目前正大力发展桢楠这一珍贵用材树种。在乐山发展桢楠的项目中，仅乐山市珍稀名木（桢楠）基地建设项目，就计划发展桢楠等珍稀林木 16 000 hm^2。其中，建设珍稀名木（桢楠）15 000 hm^2，建设国有公益林综合提升改造示范区 1 100 hm^2，分布在乐山市 11 个区市县，急需要大量桢楠良种。目前，乐山市还没有品质优良的桢楠新品种，为保证珍稀名木（桢楠）基地建设成效，在乐山市开展桢楠母树林的选育和应用显得尤为重要。需通过选择天然优良桢楠林分，并对优良林分进行区域试验，测定子代林生长量，探究选出最优桢楠母树林。建立桢楠母树林对于提升四川省桢楠良种化水平和良种使用率，进一步促进桢楠种子园的营建以及加快四川桢楠资源的发展都有着重要的意义。

通过肖燕霞（2020）对乐山市 3 处天然桢楠林进行的实地调查可知，3 处天然桢楠林的概况如下：

夹江桢楠林位于乐山市夹江县。该林地海拔 400～500 m，属典型的丘陵地带，属亚热带湿润气候，雨量充沛，年平均气温 17.1℃，极端最高气温为 38.7℃，极端最低气温为－4.2℃，年平均日照时数 1 156.3 h，年平均无霜期 307.9 d，年平均降水量 1 357 mm。林分地势陡峭，没有明显通往林分的道路，属集体林，但分到各家各户经营。

犍为桢楠林分位于乐山市犍为县。该林地海拔 333～1047 m，属典型的丘陵地带，属亚热带湿润性气候区。年平均气温为 17.5℃，无霜期 333 d，年平均降水量 1 141.3 mm，年平均日照 957.9 h。林分地势下凹为窝、陡峭，林分所在处没有明显的道路，属集体林，由各家各户经营。

峨眉山桢楠林分位于乐山市峨眉山。该母树林由中峰寺桢楠林分、伏虎寺桢楠林分组成。林分海拔 500～620 m，属亚热带，年平均温度为 17.2℃，极端最高温度为 38.3℃。峨眉山年平均降水量为 1 922 mm，年平均相对湿度 85%，年平均降雪天数为 83 d，年平均有雾日为 322.1 d，年平均日照山麓为 951.8 h，山顶为 1398.1 h。林分所在处设置有道路，还有晒场，设施较齐全，地势较为平坦，属国有林。

由以上内容可知，三个地区均属亚热带湿润性气候区，年均温在 17.0℃左右，犍为与夹江两地降雨量相近，峨眉山降雨量较高，可能是地形地势的原因。

肖燕霞先初步选择具有良好的交通条件，拥有较好管理条件，采种方便的桢楠林分；对初选林分进行每木检尺，根据林分优良木所占比例，选出母树林备选林分；再以备选林分种源为实验材料，分别在犍为、马边、市中区、高县四个地区采用相同的育苗技术，营建子代测定林，测定与比较不同区域桢楠种源的种子表型、萌发特性、苗木生长特性等指标的综合性状，筛选出优质桢楠母树林。主要研究结果如下：

（1）夹江天然桢楠林面积约 6.67 hm^2，属集体林，地势较为陡峭，林分郁闭度约为 0.8，优、中等木株数在林分中占比 99.13%。夹江桢楠林虽不方便采种，但优良木占比大于 90%，可作为备选母树林。犍为天然桢楠林面积约 0.33 hm^2，属集体林，但由个人管理，其地势下凹为窝、陡峭，林分郁闭度约为 0.8，优、中木株数在林分中占比 44.24%。由于犍为桢楠林地势陡峭，面积较小，不方便采种，同时优良木占比低于 60%，因此不适宜作为母树林。峨眉山桢楠林面积约 4.33 hm^2，属国有林，地势平缓，林分郁闭度约为 0.6，优、中树占比超过 96%。峨眉山桢楠林不仅具有良好的交通条件、较好的管理条件，采种方便，优良木占比也大于 90%，可作为备选母树林。

（2）通过对夹江桢楠种源和峨眉山桢楠种源表型与萌发特性分析比较，结果显示，夹江桢楠种子与峨眉山桢楠种子的千粒重、百粒排水体积有明显的差异（$P<0.05$），夹江桢楠种子千粒重为 220 g，百粒排水体积为 18.11 cm^3，峨眉山桢楠种子千粒重为 315.92 g，百粒排水体积为 23.65 cm^3，说明峨眉山辖区内桢楠种子比夹江桢楠种子粒大、饱满度好。通过对两处桢楠种子粒径差异的比较，结果显示，峨眉山桢楠种子长径、短径、长短径比、变异系数都较夹江桢楠种子小。峨眉山桢楠种发芽率最高，达 90.15%，夹江辖区内桢楠种子与峨眉山桢楠种子发芽率均有显著差异（$P<0.05$）。峨眉山桢楠种子发芽势最高，达 82.37%，夹江桢楠种子与峨眉山桢楠种子之间具有显著的差异（$P<0.05$）。总体来讲，峨眉山桢楠种子的表型和萌发特性都比夹江桢楠种子表现出更好的优势。

（3）通过在四个地区进行子代林区域适应性试验，对其林木生长量进行分析，结果显示，峨眉山桢楠种子在 4 个试验点 1 年生、2 年生、3 年生、4 年生的子代林平均树高、胸径、冠幅和单株材积显著高于整体夹江县的桢楠种子（$P<0.05$），较夹江桢楠种子都有较大提升。这说明峨眉山桢楠比夹江桢楠子代林具有更好的遗传表现，适宜在犍为、马边、市中区和高县栽种，通过对种子表型与萌发特性、林分立地条件、林木特性、子代林表现等进行对比发现，峨眉山桢楠林交通与管理条件好，子代林相关林木特性指标比夹江桢楠种子表现得更好，优势非常明显，最终筛选出峨眉山桢楠林作为优良母树林，同时调查发现峨眉山桢楠林采种母树每年总采种量约为 200 kg，能基本满足乐山市桢楠苗木需求。

三、结果分析

（一）母树林初选

1.母树林自然条件

母树林的交通、地势条件直接关系到母树林的经营管理和采种运输。在选择母树林时，应选择交通便利以及地势平缓的地区，这有利于母树林采种以及后续相关采种，避免了因采种困难而不能及时采收、运输品质优良的种子的情况。同时处于平缓地势的中心地区，有助于对母树林的锄草灌溉、祛病除虫等经营管理活动。肖燕霞（2020）研究中指出，峨眉山的桢楠林分归国有林权管理，相对集中于中峰寺、伏虎寺周围，面积约 4.33 hm^2，坡度平缓，属较为开阔的林地。且现有柏油路围绕林分，为采种运输及处理提供极大的便利。同时，峨眉山的桢楠林地处风景区内，道路两旁的导视系统（导览牌和警示牌）在引导游客游览、观光的同时也避免其误入桢楠林分，对林木造成不必要的毁伤。峨眉山的桢楠林由峨眉山管委会专项管理，配有采种后所需的晒场、烘干设备、净种设备，以便采种后及时保存，保证了种子的品质。因此，峨眉山的桢楠林具备母树林所需的交通、地势和管理条件。

2.母树林本底状况

营建母树林的目的是获得品质优良的种子，林木花粉的优劣很大程度上决定当年桢楠种子的优劣。外来不良花粉对优良母树的授粉称为花粉污染，研究表明，花粉污染对优良种子遗传的影响幅度最高可达 90%。黄丽莎（2018）研究发现，侧柏种子园花粉污染率为 17.19%。因此，母树林地选择时，为保证种子的遗传优势，母树林地尽可能处于适宜造林的中心地区，周围优劣木比例控制在一定范围内，尽量减少花粉污染。本研究中峨眉山的桢楠林中的中峰寺优良木和中等木占比 98.08%，伏虎寺优良木和中等木占比 96.8%，远远超过了

《母树林营建技术》标准规定中，优良木株数在林分中占大多数（60%）。夹江桢楠林中优等木和中等木占比 99.13%，优良木株数在林分中占大多数（60%）。而犍为桢楠林中优良木和中等木占比 44.24%，优良木株数在林分中不足 60%。根据优良木占比划分，峨眉山的桢楠林分和夹江县的桢楠林分为天然优良林分，具有母树林选育潜力。

林分郁闭度直接影响到林分中树木自身生长和结实产量以及降水和光照等条件。周彬等（2013）研究太行山郁闭度为 0.6、0.7 和 0.8 的油松人工林降水分配特征，结果显示油松郁闭度增大，林冠截留量降低，穿透雨量升高。于世川等（2017）的研究表明，辽东栎种群在郁闭度 0.7 生境优于郁闭度 0.6、0.8、0.9 生境。上述研究对象都有不同，但总的来说林分郁闭度过大或过小都易对林分生长以及生境造成不良影响。在选择母树林分时，应尽量选择郁闭度为 0.5～0.6 的林分。峨眉山的桢楠林面积约 4.33 hm^2，林分郁闭度约为 0.6，能够有较好的光照条件，桢楠约占 80%，林分内树木占据主导地位，优良树占比超过 96%，品质低劣的桢楠林木极少，林分结构良好，可极大地抵御外来不良花粉对母树林的干扰，从而保证优良桢楠种子的遗传品质。中峰寺桢楠林分属于近熟林，伏虎寺桢楠林分属于成熟林，龄级合理。因此，峨眉山母树林可以作为优良母树林的候选林分，不需要采取去劣留优的疏伐作业，只需要适当割灌除草及日常管理即可。

（二）母树林复选

1.种子性状和萌发特性

（1）种子性状。四川地处长江上游，是我国桢楠的重要自然分布区和适生区。楠木的大需求量、高品质要求与产量低、品质差之间的矛盾日益凸显。选择优良种源是促进林木高产量和高质量的有效手段。种子的千粒重、百粒排水体积、粒径等表型特征是衡量种子品质高低的重要指标。种子千粒重、百粒排水体积和粒径直接关系到种子的饱满度、充实度和均匀度，与种子自身干物质以及幼苗生物量一般成正比。发芽率和发芽势都较高代表着种子出苗快而整齐，为壮苗。若发芽势较低，则代表种子出苗不齐，弱苗多，不宜播种。从种子性状表现与幼苗生长相关结果证明，依靠种子性状预测种源优劣是可行的。另外，不同种源的种子品质等级不同，种子表型、树高、材积和生物量可能会有极显著的差异。肖燕霞（2020）的研究以峨眉山的桢楠和夹江县的桢楠种子和幼苗为试验材料，结果显示峨眉山的桢楠种千粒重、百粒排水体积、粒径均显著大于夹江县的桢楠种子，说明峨眉山的桢楠种自身物质积累较多，萌发幼苗生长不易受缺失营养或环境胁迫所影响。峨眉山的桢楠种子表型性状表现较好，可能是受到自身基因遗传和海拔、温度、降雨量和土壤等外界环境条件的共同影响，具体原因还需要进一步研究探讨。种子表型形状之间可能会互相影响，王寒冬（2015）等的研究表明，小麦种子千粒重与其长短径显著相关。然而肖燕霞（2020）的研究结果与之不同，千粒重与长短径之间没有明显的相关关系，说明种子性状之间没有绝对的相关关系，还需要综合考虑物种本身和生境条件，与陈浩等（2015）的研究结果一致。

（2）种子萌发特性。种子的发芽率和发芽势在一定程度上决定着种子的质量，可以反映种子的优劣程度，是灵敏地表现种子活力的重要指标，反映种子形成幼苗的生长能力。沈宇峰等（2008）的研究表明种子发芽率与种子生活力呈极显著正相关。不同种源发芽率和发芽势存在丰富的遗传变异。孙淑英等（2017）的研究表明，不同种源种子发芽率和发芽势存在显著的差异，且发芽率和发芽势与种源地年均降雨量和气温呈显著正相关。肖燕霞（2020）的研究中，峨眉山种源种子发芽率、发芽势均显著高于夹江县种，可达 90.14%、81.82%。不同种源发芽率和发芽势不同，可能是受到种子内部成熟程度以及含水量影响，一定范围内种子成熟度和含水量高则发芽率越高。同时，外部光照、水分、温度同样影响发芽率和发芽势。发芽势和发芽率高，种子发芽整齐，有利于苗木统一管理，可保证后期苗木生长，有利于高质量苗木的产生，因此峨眉山的桢楠林分适合作为母树林引种栽培。

一般来说，种子大小是影响种子萌发的主要因素之一。卞方圆等（2015）研究发现，云南红豆杉种子的大小与其萌发特性密切相关，种子大其发芽率高，种子小其发芽率显著降低。王晨阳等（2011）通过研究却发现，青藏高原东缘唇形科植物种子大小与其萌发率呈显著负相关。但在肖燕霞（2020）的研究中，种子性状与发芽率和发芽势不存在显著的相关关系，武高林等的研究也有类似结果，可能是由于物种不同或生境不同。

2.子代林生长

苗期生长性状是判断植物生长速率和苗木质量的重要指标。同时，苗期生长性状既受到遗传物质影响，又受到引种生境的影响，子代林的苗期性状测定可反映出种源对引种生境的适应性。一般来说，苗期生长性状通常通过苗高、地径、冠幅判定。于华会等（2010）通过对比不同种源厚朴（*Magnolia officinalis*）子代林苗高、地径来判断苗期生长优劣，初步筛选出适宜的优良种源。胡云等（2012）通过测定马尾松（*Pinus massoniana*）子代林树高、胸径和冠幅，筛选出生长适应性好、生产力高的优良种源，为种子园的建立以及优良家系选择提供参考。本研究中，峨眉山的桢楠子代林在四个区域试验中，整体表现为1～4和15、18年生子代林平均苗高、地径和冠幅均显著高于整体夹江县的桢楠，其中犍为县在四个试验点中前4年生长优势明显。子代林生长量分析中，生长量在不同试验点间差异极显著，同一种源在不同地区其生长状况会受到较大影响，显示出以区域试验判断栽种适宜区的必要性。不同林龄间差异也均极显著，意味着在苗木早期生长上占据优势，这对其维持后期的生长优势具有重要意义。

生长性状指标变异系数小说明林分内单株树木差异小，林相整齐。母树林子代林营造中，往往要求林相整齐、林木生长指标差异较小，便于林分经营管理。本研究中，4 年生林时，以苗高为衡量指标，四个试验点变异系数大小依次为市中区＞马边＞高县＞犍为。在胸径中犍为县最小，高县最大。四个试验点冠幅变异系数无明显差异。而在材积变异系数中，犍为县明显小于其他三个试验点。而夹江县的桢楠苗高、胸径和冠幅的变异系数均比峨眉山的桢楠大，说明峨眉山的桢楠遗传稳定性较好，有利于优良母树的树高、胸径和材积等目的指标的优良化，能保证优良母树的优良性状保存。肖燕霞（2020）的研究结果显示，峨眉山的桢楠种在四个试验点生长性状表现均比夹江县种好，说明峨眉山的桢楠种适宜在犍为、马边、市中区和高县栽种。

第六章　金丝楠木及其应用研究

在我国约有 34 种楠木，一般来说其中只要有明显金丝显现的就可称为金丝楠木，又称紫金楠、金心楠。它主要出自桢楠属的桢楠，呈黄中带浅绿或红褐色，木材表面在阳光的照耀下会显现出淡淡的金光，给人一种神秘、高贵的感觉，加之其耐高温、冬暖夏凉，且伴有清香等性能，在明清时，成为家具、建筑的首选木材，以至于在清初时就已经濒临灭绝，现被列为国家二级保护植物。

金丝楠木到现代已经实为罕见，不易取得，所以已不能构成大规模的建筑材料，更多的是在现代生活中作为一种奢侈品进行收藏，因而具有更高的价值。

第一节　金丝楠木文化研究及其家具设计实践

金丝楠木色泽璀璨如金、纹理瑰丽多变，木性温润，不翘不裂、软硬适中，且香气怡人，深受高雅人士的喜爱。自古以来，无论是皇家贵胄还是普通百姓，无论是工匠商人还是学者专家，都惊叹于这种自然赋予的神奇，视之为中国最佳良材。随着古典家具文化的兴起，除了黄花梨、小叶紫檀等皇家御用贵重木材，金丝楠木作为明清两代皇帝痴迷的皇木也渐渐被越来越多的人熟知。近年来，由于市场炒作，金丝楠木更是被看作天价的代名词，金丝楠木文化的研究和探讨也逐渐成为热点。

一、金丝楠木文化的研究现状及发展趋势

调查研究发现，目前金丝楠木市场遇冷主要是由于人们对金丝楠木文化认识的缺失。人们不理解且不认可金丝楠木的价值，首先表现在不了解金丝楠木从古至今的发展历史，而关于金丝楠木文化的研究则是目前人们了解金丝楠木家具文化及其设计要素的重要途径。金丝楠木文化的研究不能仅仅局限于木材学、植物学的木种探讨上，而应与历史、社会、政治、经济、工艺等结合起来，进行多角度的分析、探讨，这样才能全面阐述其文化内涵。

（一）金丝楠木文化研究现状

关于金丝楠木及其文化内涵的说法众说纷纭。有说法称，金丝楠木母树在砍伐后经过至少上百年的氧化、醇化后，木材纹理中的1%～5%可能会形成金丝；过去内务府在选择金丝楠时，对于树干直径和树龄都是有明确标准的，金丝覆盖率也要求在80%以上。陈嵘在《中国树木分类学》中写道，金丝楠是紫楠的别名，不能独立称作树种，只能算作材料，小叶桢楠是其主要的母树，主要分布于川、云、贵和鄂局部地区，对生长环境要求极高，且生长极其缓慢，20 年仅长成 15 cm 的直径，是中国独有的树种，被列为中国濒危、稀缺的树种。其气干密度为 0.61 g/cm^3，收缩率为 2%，木材细致温和，横竖纹之间没有明显的界定。

2011 年之前，或许很少人了解金丝楠木，通过电视节目的报道，人们对金丝楠木有了进一步的了解，随后金丝楠木成了稀缺资源，木材行业从业者、爱好者纷纷涌入四川，出现一股“淘金热”。金丝楠木在建筑领域、家具制

造领域、医疗领域和影视领域各有不同的存在，并逐渐被大众认知，有越来越多的人选择了它。

不管是在历史上还是在现在，都存在着金丝楠木的影子，从过去的“帝王之木”演变到现在越来越被大众认可，生活中无不穿插着金丝楠木的影子。但是，没有一本书详细介绍了金丝楠木的历史发展历程，因而人们对其了解甚少。现在的木材市场中，金丝楠木有价无市，这是金丝楠木的价值不能完整体现的最直接的表现。通过大量的文献阅读、古籍参考，可分别从资源分布、使用历史考证、建筑中的应用、家具中的应用、与佛教的关系等方面对金丝楠木文化的现状进行阐述。

1.金丝楠木资源分布

目前最早系统记载金丝楠木生长分布的是成书于战国后期的《山海经》，据《山海经》特别是涉及金丝楠木分布的《五藏山经》，再根据一些涉及当时金丝楠木分布的出土文物，尤其是近年出土于四川等地的金丝楠木船棺、棺椁以及悬棺的葬具可知，金丝楠木在先秦时期分布的北界和东界，大致框在北纬28°～35°和东经103°～121°的范围内，四川自古就是我国金丝楠木的分布中心。演变至唐宋朝，金丝楠木的成林区域开始缩小，根据《元和郡县图志》《太平寰宇记》《舆地广记》等历史文献中关于金丝楠木的记载和唐宋时期一些的考古资料分析，在这一时期，金丝楠木的分布的北界已经退到九顶山、大巴山和大别山一线。到了明朝和清朝早期，四川、贵州、湖南、广西、广东、福建、江西、浙江、云南、陕西这些地区是当时金丝楠木的主要分布区域。经过唐宋时期的不断开采，江南和中南地区的金丝楠木已开采殆尽。

从古至今金丝楠木都为人们所青睐，在明清两朝时期被大量用于宫廷建筑和家具制造，被称为“皇木”。过去有个有名的“木政”活动发生在明永乐四年到道光年间，大概历经400多年，这个采办木材的大型活动单在四川就采办达23次，总计53 000根，此次“木政”历经时间长，涉及范围广，对环境造成了极大的影响，特别是使金丝楠木的分布区域急剧减小，尽管在云贵川甚至陕西南部和河南南部都还有楠木生长，但真正成林的只分布在包括云南东南部和龙门山、邛崃山、小凉山、乌蒙山、大娄山在内的一个狭窄的弯月形区域。在四川地区，多系半天然林和景观保护林，只有在峨眉山和滇东南的西畴和麻栗坡一带有部分已成林的天然桢楠林。同时，因为成林面积非常狭窄，分布区域面积太小，桢楠已很难作为森林单位存在了。

2.金丝楠木使用历史考证

从古至今，不同朝代都会有不同名家对楠木的木性加以推崇，如李时珍在《本草纲目》中形容楠木谓："干甚端伟，高者十余丈，巨者数十围，气甚芬芳，为梁栋器物皆佳，盖良材也。"金丝楠的木材表面在阳光下颜色呈金色，似木材内部有缕缕金丝存在。现在市场上没有统一的金丝楠木定价标准，其价格是根据金丝楠木的树种、尺寸、金丝覆盖率及其金丝纹理的呈现多种因素来共同决定的。

金丝楠木纹理细致、散发出清新自然的味道、使用年限较长，为"皇家御用之木"，是皇家建筑中不可或缺的重要木材。据史料《南村辍耕录》记载："文德殿在明晖外，又曰楠木殿，皆楠木为之，三间。"据此可知，最早在元代将楠木作为建造宫殿的用料。特别是到了明清两代，楠木在皇家宫殿的用材中越来越不可或缺。大慈真如宝殿是天王殿中院正殿，位于北京北海公园北岸，整体建筑的木结构全部采用金丝楠木制作，有"西天梵境"之称。

3.金丝楠木在建筑中的应用

金丝楠木也是一种建筑材料，其木质细腻，表面纹理金光灿灿，属于上品木材，并且有一股独特的香味，冬暖夏凉，具有良好的防火、防蛀、防腐、防风效能，同时也具备木材本身的特征，在干燥环境下，质量较轻，有较好的弹性和韧性，可抗冲击，导热系数小，易于加工，耐久性好。而且金丝楠木的木性特殊，抗疲劳度高，少压弯，故常用做承重梁柱，但是需要直径大的金丝楠木，而金丝楠木生长极其缓慢，这也是今日金丝楠木稀缺的重要原因。

北京这个地区是没有金丝楠木生长的，需要从四川置办再运送到北京城。运送金丝楠木所需的财力、人力和物力是普通人负担不起的，古代只有皇族人士才可以做到，所以明清时期曾对金丝楠木大量砍伐，用作诸多建筑原料。金丝楠木木性稳定，不易被腐蚀，不易被虫蛀，多被选用建筑用材，尤其是藏书楼，如文渊阁、乐寿堂、太和殿等重要建筑，都采用金丝楠木进行建筑装修。现存的规模最大的金丝楠木殿长陵祾恩殿，始建于宣德二年（1427 年），距今已约六百年，依然保存良好。殿堂立有十二根金丝楠木大柱，特别是中央 4 根大柱直径长达 1 m，高达 23 m，不管是在质量上还是高度上都很有特点。金丝楠木柱左右分布，闪着金丝楠木本该有的金光，整体构成恢宏大气的建筑风格。自建成以来，祾恩殿经历了大大小小的破坏，至今仍然无丝毫倾斜，把金丝楠木材料的优势发挥得恰到好处，让建筑物几乎完整地保存下来，汇聚了古代建筑者的心血和智慧。金丝楠木作为建筑材料在中国古代宫殿风格的建筑上面具有独特的优势地位，在建筑上面使用金丝楠木，体量宏伟，柱式运用严谨。由于金丝楠木材料本身的表面纹理就能起到很好的装饰作用，所以用材为金丝楠木的建筑通常很少使用装饰，贴近自然，体现出建筑的整体之美。

清代贪官和珅被嘉庆皇帝定的其中一条大罪为：“昨将和珅家产查抄，所盖楠木房屋，僭侈逾制。”当时金丝楠木是皇家独享，和珅下令工匠按照宁寿宫的布局修建锡晋斋，屋内的隔断用金丝楠木打造而成，超出了他作为一个朝廷大臣所有能拥有的修建规格。和珅家产被查抄后，锡晋斋就成为现在的恭王府。

古代有些寺庙也同样用楠木建造，其中目前保存最为完好的明朝宫殿式佛教寺院——四川省平武报恩寺，就是用清一色的楠木建成。楠木“蚁不能食”耐腐的特殊性质，使得纯木质骨架又不镶钉一颗钉子的报恩寺在经历了 600 多年的风雨侵蚀之后依然能完整保存。

楠木材料在现代风格的建筑上面也极具使用价值，一种是利用新材料追求干净利落，楠木材料本身的装饰作用与这种风格相得益彰，另外一种则为更注重装饰花纹和色彩，将局部突出。金丝楠木纹理种类繁多，并有“移步换景”的独特效果，可以起到很好的局部装饰作用，表面金丝的表现还会有其他木材不会有的一种复古的风格。楠木材料因其多变的花纹极适用于多种建筑风格，设计者在使用楠木材料过程中，可将其合理安排在作品不同的角度和不同的部分，融入建筑之中，表达不同的设计理念，衬托出其独特的风格。

4.金丝楠木在家具中的使用

金丝楠木家具在家具界也具有与其他家具用材不同的地方。楠木木性细腻，有韧性，被称为“软木之王”。金丝楠木古家具大致分为床、柜、桌、椅等，金丝楠木技艺者力求完美独特，在作品中融入文化内涵，最大限度地展现出自己的精湛技术，并且勇于挑战高难度的技艺。选材上也会钟情于纹理上好的金丝楠木或者用其他名贵木材来搭配金丝楠木。

在古代，金丝楠木家具文化是皇家文化，是一种物质文化，家具的艺术和价值是以金丝楠木为载体体现出来的。中国人的审美着重于艺术载体本身的质量，而金丝楠木本身的质量体现在稀有、名贵、美观、光润、幽香等上面，纹理更是金丝楠木的一大特点，其纹理大多金丝灿灿且移步换景，勾勒出不同的图案，像是大自然的鬼斧神工。手工艺家制造金丝楠木家具时，大多根据纹理造型，体现出自然之美、整体之美，达到金丝楠木文化与艺术的和谐统一。

周京南先生曾在文章中这样写道，清代时期，国力昌盛，统治者追求奢华生活，紫禁城中多处宫殿的建材，以及皇帝起居坐卧的家具都是由金丝楠木制造，其中太和殿、中和殿、保和殿里的宝座，全部以楠木为胎，罩以金漆，髹饰龙纹。道光十五年（1835 年）陈设档记载，在坤宁宫东暖阁里也有金丝楠木案、金丝楠木香几等家具。皇室家具除了卧具，清朝皇帝还在皇宫内修建了建筑供奉佛祖以及先人，供佛的佛龛等家具均选用金丝楠木作为原料。除此之外，还有书柜等类似现在的博古架或是用来盛放文玩的匣屉盛具。由于金丝楠木有“虫蚁不食”的特性，因此还被用来制作书本典籍的封面包装板——“书衣”。

另外，根据乾隆年间的活计档内记载，清宫造办处曾经打造过大量的楠木家具，种类繁多且齐全，其中有桌椅床榻，也有用于置物的格子和痰盂等物。

在明清时期，家具制造技艺不断提高，金丝楠木作为文化的载体，越来越能在其制造品上面体现出更高的价值。其本身比其他木材有得天独厚的优势，精美的线条和流畅的纹理使其成为木材中的上上品，明清时期有着巨大发展的雕刻技艺和精确的榫卯结构更为其发展提供了一片广阔的空间。金丝楠木的胀缩率相比其他木材较低，不易变形和劈裂，软硬适中，不仅适宜做栋梁，而且适宜进行细微雕刻。不仅如此，金丝楠木横顺纹不明显，从各个方向对其进行雕刻均可。

5.金丝楠木与佛教的关系

金丝楠木也可以作为佛家文化的一种重要载体。金丝楠木是一种有灵性的木材，金光流韵，不腐不蛀，独香弥漫，符合佛教庄严的形象。

北京天宁寺的接引殿中，也供有 9 米高的金丝楠木立佛，2002 年对天宁寺进行修补也对这个当时世界宗教界最大的金丝楠木立佛进行重塑，主要用料均来自雍和宫的捐赠。

当代雕刻家也喜欢把金丝楠木雕刻成各种宝光威严的佛像，配合精湛的雕刻技艺做成的佛像很有灵性，仿佛具有生命。金丝楠木本身优异的物理特性使得它相对于其他木材更加适合作为制作佛像的原材料，不腐不蛀的特质让佛像能够长久地保存下去，符合佛家“金身不毁”的说法。更受现代人欢迎的是金丝楠木佛珠，金丝楠木为软木，柔和温润，自身散发出一种淡淡的幽香，可以随身佩戴，令佩戴者心神安宁平静，舒缓压力，驱散蚊虫，并且能够驱凶化吉和招财纳福。

（二）金丝楠木文化的发展趋势

虽然古籍中记载了金丝楠的养生和药用实例，但缺乏现代科学依据。因此，应该借助现代的科学检测技术分析金丝楠的药用机理，为其养生和药用价值找出科学、合理的理论依据。

目前，市场上关于金丝楠木的“传说”较多，有些是自古流传下来，有些是前人的经验之谈，有些是人们主观的猜想。这些说法或自相矛盾，或不够准确，因此迫切需要全面系统地解析金丝楠木文化，以为金丝楠木宣传及评估相关制品收藏价值提供参考依据。

金丝楠文化的研究和发掘不仅要与考古学、历史学、传统文化、古典家具设计与制造相结合，还要与木材学、树木学，甚至皇家文化、佛教文化等结合起来。金丝楠木文化不是一种单一的木材研究，它也是政治、经济、历史、文化科学技术的一种综合体现，因此不能唯材质论，也不能过分神话，要准确、科学、综合地看待它。

二、金丝楠木认识误区解析

在金丝楠木文化兴起的初期，无论是木材研究的学术界还是消费市场都鲜有文献资料对金丝楠木文化进行全面系统的阐述，这使得金丝楠木的收藏神秘而又小众。自 2011 年央视首次播出金丝楠木的新闻后，金丝楠木一夜之间身价百倍，求料者纷纷涌入楠木原产地四川，出现一股“淘金热”，并且在 2013 年价格最高时直逼木材中最贵的海南黄花梨，时有“一木难求”的新闻报道。金丝楠木及其制品的价格飞涨，迅速引发了投资者和收藏家的极大兴趣，开始出现了探讨金丝楠木文化的热潮。无论是由于对金丝楠木的认识不足还是各种利益性目的的驱使，关于金丝楠木及其文化内涵的各种说法纷至沓来，在一些木文化圈的销售、网络论坛等平台广为传播，一时间众说纷纭，各种自相矛盾的言论使得市场扑朔迷离，圈内人一知半解，圈外人一头雾水，金丝楠木的争议导致其近年来在行业内热议不断。最终这场由金丝楠木的高价及金丝楠木文化的争议给市场带来的灾难性后果就是消费和收藏市场的下滑，目前迫切需求加强对金丝楠木文化的系统研究，并出台金丝楠木鉴别标准。

（一）关于金丝楠树种的误解

木材市场、百度百科甚至一些文献中描述："金丝楠是一些材质中有金丝和类似绸缎光泽现象的楠木（包括桢楠、紫楠、闽楠、润楠等）的泛称，广义的金丝楠指楠木显现金丝的都叫金丝楠，而在古代和近代，金丝楠是紫楠的别名。"金丝楠木并不是指一种树，更不是指仅产于某地的楠木，而是指樟科楠木类桢楠属中的桢楠、紫楠、闽楠、利川楠、浙江楠以及润楠属中的滇润楠（民间称香楠）、基脉润楠、粗壮润楠这 8 种楠木树种。刘洁（2014）在《四川芦山地区阴沉木雕刻工艺品产业的发展》中写道："金丝楠木阴沉木，即樟科里的桢楠木形成的阴沉木"。

上述内容为目前市场上常见的对金丝楠木定义的描述及其树种的限定，但这些都是不准确甚至是对金丝楠木的错误描述。目前市场上对"金丝楠"众说纷纭，大部分人对金丝楠树种有不科学、不严谨的称谓认识，对它的历史、产地、外观的解释犹如雾里看花。关于其包括的具体树种有哪些，文献记载较少，且由于植物学分类是近几十年才从国外传入中国的自然科学，古人当时尚不能对楠木树种进行科学分类，难免出现错误的树种称谓，因此造成了当前关于金丝楠木树种不明确、市场争议较大的问题。有人说小叶桢楠叫金丝楠，有人说紫楠才叫金丝楠，其实真正的植物学上的金丝楠是不存在的，是人们对一种木材达到一种境界的称谓。金丝楠并不仅仅指桢楠，也不是只有桢楠才能叫作金丝楠。

目前初步得到广泛认可的是金丝楠树种的大致范围应该是樟科楠属的部分树种。依据国家标准划分，在《中国主要木材名称》中楠木类木种有 8 种，具体为闽楠、细叶楠、红毛山楠、滇楠、白楠、紫楠、乌心楠、桢楠。

中国林产工业协会于 2017 年 3 月组织了团体标准的申报，批准由中国林产工业协会楠木保护与发展促进会（今中国林产工业协会楠木专业委员会）组织协会专家委员会成员开展研究，并在 2017 年 11 月召开的金丝楠木标准研讨会上，经由全国相关专家和行业龙头企业决议通过了金丝楠木的定义和树种范围，金丝楠木的团体标准于 2018 年底正式实施。会议指出金丝楠木本是中国人约定俗成的名称，无对应的拉丁文或英语标准词语；且金丝楠木不是具体树种的名称，而是一类树种的名称，且首选樟科楠属的桢楠、细叶楠、紫楠、闽楠这四个树种为金丝楠木类树种。

但由于历史原因，目前木材市场上认可度最高的金丝楠树种主要是桢楠和细叶楠（俗称小叶桢楠），且桢楠和细叶楠从树木形态到木材构造都相似度极高，且往往伴生。桢楠木材与细叶楠木材在市场上基本无法区分，但桢楠为国家二级保护植物，细叶楠无保护级别。

市场上容易与桢楠和细叶楠混淆的树种主要有黄心楠、黄金樟、大叶楠、黑壳楠、黑心木莲等。普文楠（*Phoebe puwenensis*），别称黄心楠，树皮淡黄灰色，呈薄片状脱落，小枝粗壮，老枝有明显叶痕，产于云南南部，多见于海拔 800～1 500 m 的常绿阔叶林中。与桢楠和细叶楠相比木质结构较疏松，生长较快，木材气味分酸、臭和无味三种，纹路较明显且较宽大，色彩单一呈深黄色。

网叶山胡椒（*Lindera metcalfiana Allen* var. *dictyophylla*），即市场中所称的黄金樟或缅甸山香果，常绿或落叶乔、灌木，木材具香气。虽也具有漂亮的纹理，但没有桢楠与细叶楠那种“移步换影”的效果。

大叶楠（*Machilus kusanoi*），樟科润楠属，树皮灰褐色，稍平滑。枝粗壮，紫灰色，产于我国台湾，木材淡红褐色，坚软中庸，气干比重 0.57，纹理细致，加工易，耐用久，与桢楠和细叶楠木质差异很小，很难辨别。

黑壳楠（*Lindera megaphylla*），樟科山胡椒属，树皮灰黑色，枝条圆柱形，粗壮，紫黑色，产于陕西、甘肃、福建、广东、广西以及云贵川等地区的山坡、谷地湿润常绿阔叶林或灌丛中，果皮、叶含芳香油，油可作调香原料，木材黄褐色，纹理直，结构细。

（二）关于金丝楠木产地的争议

网上有这样的说法——“金丝楠的产地主要在四川及其附近的邛崃山脉”。这种关于金丝楠产地的说法并不全面。据《中国植物志》描述，楠属树种为常绿乔木或灌木，约 94 种，分布亚洲及热带美洲。我国有 34 种 3 变种，产于长江流域及以南地区，以云南、四川、湖北、贵州、广西、广东为多。

此外，据调查，金丝楠的地理分布是随着时间和历史的推移变化的。历史已成为过去，环境也发生了变化，因此文献记载就成为分析古代金丝楠产地的重要参考依据。在中国古代尚没有科学的植物科属种的分类，所以在大量古籍中只是统称为楠木而没有细分具体树种。楠木的生长分布区域由于历史的推移、气候的变化、人为的砍伐等正逐渐缩小。到现在，只有少部分地区有野生楠木林存在。

（三）金丝楠木存量

报道称：“金丝楠原料并不稀缺，生长地域广泛。与黄花梨、紫檀等名贵硬木高达数百年的生长期不同，楠木自然野生林只需 60 多年便能成材，人工种植林只需 30 多年即可成材。国内南方大型林场中多有种植，旧料在民间存量也很多。”

上述报道是错误的描述。由于明清时期皇家的大量采伐，金丝楠资源逐渐减少，且近年来消费市场的过度需求更是导致金丝楠资源逐渐枯竭。就目前市场认可度最高的桢楠而言，桢楠是我国独有的国家二级保护植物，需要在特定的环境下生长，且对温度、湿度和地质条件都有一定的要求。且金丝楠木的生长极为缓慢，一般至少经过 35 年才能使用，百年以上才能材性稳定可用作家具和建筑材料。拆房老料虽多，但一般直径都较小。所以现在国内直径较大，在 80 cm 以上的金丝楠木大料很少被发现，而且材性良好、纹理好看同时直径较大的老料金丝楠木更是一木难求。

成都铜雀台古典家具有限公司通过对攀枝花、乐山、宜宾、眉山和雅安等四川部分地区的市场调查得出了该地区的金丝楠木老料和阴沉木的现存量。相比较，攀枝花市的存量最少，老料存量约有 100 t，无阴沉木存量，攀枝花市由于气候等原因，不符合小叶桢楠的生长条件，所以老料存量较少见，尚未发现有阴沉木出土。乐山市是老料和阴沉木的主产地，老料（含老建筑）存量约 2 000 t，且品质好、口径大、年份足，阴沉木约 22 000 t，也同样具有品质好、大料多、炭化适中、纹路漂亮、香味好的特点。雅安市在金丝楠木市场中都有着较大的名气，但近几年开采过度，目前存量不多，老料存量约 1 600 t，阴沉木约 7 000 t，除市区外，其他区县均有分布，品质优秀，价值较高。宜宾市的老料是全川的主产区，存量约 1 800 t，除市中区外，其他区县均有分布，且数量相对较足，阴沉木方面相对较少，约 2 500 t，且好料和大料难见。眉山市老料存量约 1 000 t，阴沉木存量约 1500 t，基本分布于区县，分散较零星。目前全四川的金丝楠木老料存量约 19 700 t，阴沉木约 89 500 t，从这些数据可以看出，虽然金丝楠木在四川各地区均有分布，但存量都不算多，且由于金丝楠木生长期较长，故目前的数据在近期内只会有所减少不会出现大幅度增加。

（四）金丝楠木表面防护

有种说法为：“金丝楠木家具讲究木色，即不上漆、不打蜡，因为上漆和打蜡后，金丝楠木的颜色会发黑，失去原有的色泽。故打蜡上漆者有假。”

这种关于金丝楠的制作工艺的说法也有失偏颇。众所周知，金丝楠属樟科，油性较好，如果保养得当的话，自身就会自然包浆，但是根据对市场的了解，发现大件金丝楠制品如家具因为体积、重量等原因，在使用过程中不可能随时对它进行盘磨，因此将大件的工艺品或家具的表面擦涂天然生漆或清漆等表面处理是正常得当的防护方式。木材未处理之前香味浓郁清香怡人，但纹理不够清晰、光泽感较弱，而进行适当的表面处理并擦漆后发生光线的折射，使金丝楠制品纹理清晰、光泽感强、移步换影的效果突出，可以更好地展现金丝楠纹理的美，让家具及工艺品在最美的时刻定格。另外，由于金丝楠木质较软，为避免硬物划痕磕碰，需要上漆保护表面不被划伤。现在市场上对金丝楠木的表面处理采用纯手工做法，用天然的植物生漆经过反复多次的打磨、抛光、擦漆，给金丝楠木表面覆上一层保护层，也使金丝楠木的纹理清晰、富有光泽，做出来的金丝楠木家具和工艺品也更好地体现出金丝楠木的亮点，看起来更加美观，手感也更加舒适。

（五）金丝楠木是否为皇木

有报道称：“金丝楠并非皇家独享，在甘肃、湖北、四川等地，庙宇、祠堂、民居中有很多楠木构件，至于棺椁用楠木的就更多了。”

事实上，金丝楠自古都是皇家文化的象征。普通品种的楠木香味一般只能保留几年就消失了，而金丝楠因金丝多，木质玉润，观赏价值最高，香味高雅久远，怡神养生，在明清两代都深受皇家看重。特别是树龄在500年以上、直径较大的桢楠，不仅在明清两代，在包括现在的任何一个时期，民间都不可以随意砍伐使用，这也是金丝楠木被称为帝王木、皇帝木的主要原因。

一方面，由于楠属的8种楠木类树种大多数高大笔直，长达十几米，运输成本高，因此普通百姓难以消费。也正是由于楠木的生长期长，成材后体积较大，且多见于川涧中，还有古时候的“蜀道难”这些因素决定了只有王权贵族才用得起金丝楠木。

另一方面，由于生长环境因素的限定，北方是不适宜金丝楠木生长的，所以金丝楠木在北方少有。故在过去，北方人使用金丝楠木作为原料的运输成本极高，所以（北方的）普通百姓没有能力使用。但古时的百姓进行房屋建筑、制作家具一般就地取材，所以在南方楠木的产地，楠木作为常见木材，可能会有百姓进行局部使用，但无广泛使用。

（六）金丝楠阴沉木

有传言称，其实金丝楠阴沉木经济价值和使用价值并不高，因为阴沉木木性消失，基本不能做家具，也不具备养生价值，有些还有巨大的辐射作用，对人体极为有害。千载楠木阴沉木只要从四川运到北京，不出几月就会全方位开裂变形，毁于一旦。

关于用金丝楠阴沉木做家具被质疑的原因有以下几点，一是阴沉木在特殊的地理状态下，发生了自然碳化，木头失去了原有的木性，且沉积了一些未知的元素，可能会有辐射对人体有害；二是阴沉木长时间堆沉于地下，“阴气十足”，不适合作为使用家具；三是阴沉木含水率较高，不适合做家具。

关于这三点原因，这里做一些解释和说明。木材含水率对于家具的影响非常大，不同地区有不同的湿度差异，家具的木材含水率的要求也是不一样的。对于国内销售的实木家具，销往南方的，木材干燥后的终含水率宜控制在 15%及以下；销往北方的，木材干燥后的终含水率宜控制在 12%及以下。阴沉木做家具也有同样的含水率控制的要求，也就是说只要对木材进行适当的干燥处理，将木材含水率控制在合适的范围内，做成家具也是可以正常使用的。对于金丝楠阴沉木的木性消失，基本不能做家具，这种说法暂时没有科学的论证，还需进一步查阅文献及科学实验证明其正确性。至于“阴气十足”的说法，只是一种民间迷信，不足以成为阴沉木不适合做家具的理由。

（七）金丝楠黄料与绿料之争

对于目前市场上绿料、黄料的区别，不能确定其成因，市场上很多人因为黄料绿料的问题争得不可开交。

但值得肯定的是，不管金丝楠绿料或是黄料，纹路、密度、味道好的同样都有收藏价值。诚然有段时间黄料的价格偏高，这是因为绿料的产量大于黄料。由于没有可信服的相关资料，且国家也没有相关区分的标准，因此市场较混乱。

不论是云贵川的普通拆房老料还是北京明清宫殿建筑，抑或是故宫家具的老料，都是黄色的，这点毋庸置疑。一般新料刚开出来时呈淡黄色或淡黄绿色，但当新料在空气中充分氧化，或进烘房烘烤之后，黄色的成分会越发明显，上了蜡或者漆的成品家具甚至在日照后还会变得更黄。

而在雅安芦山有相当多的绿料，目前没有一个较准确的可信服的说法说明原因。据了解，雅安的土质呈酸性，和其他地方土壤相比，酸性土壤中有高浓度的低价态的铁铝锰离子，而钾、钠、钙、镁等离子则积存少；雅安的金丝楠木从生长到形成阴沉木，木质成分中会沉积较大量的铁铝锰的氧化物，而钾、钠、钙、镁等离子则积存少。据此猜测，或许这些因素是雅安地区多绿料的主因。

三、金丝楠木的纹理

金丝楠木因其独特的金丝纹理、木香清新宜人、材性稳定、冬暖夏凉等性能，以及其历史上“皇家御用”的尊贵身份而受到世人的广泛关注。金丝楠木色如黄金，表面的纹理在阳光的照射下“金丝”浮现，灵动自然，使金丝楠木制品具有极高的观赏价值和收藏价值。在历史上，金丝楠木一直被看作最理想、最珍贵的家具和建筑用材，大量用于修建宫廷建筑、庙宇及制作皇室家具。在明清时期，尤为皇室贵族所垂青，在宫廷布置中，大规模地采用楠木家具，其中又最为看重金丝楠木，因此金丝楠木又被称为帝王木，以彰显天子的天威与帝德。

虽然不少木材都有纹理，但是具有移步换景的立体纹理的并不多。通过大量走访调研金丝楠木主产地、家具生产基地及流通市场，如四川、贵州、福建、广西、浙江、云南、北京等地，发现目前市场现存原料及金丝楠木制品中所包含的纹理种类丰富繁多，且对金丝楠木及其制品的价格有着不可小觑的影响。而金丝楠木应用至今，在行业内尚没有完整的关于其表面纹理介绍的报道或书籍，随之引发的严重问题就是由于人们对金丝楠木纹理的认识不全面，因而不确定金丝楠木制品价格受其纹理影响的程度。因此，笔者拟通过收集销售市场、木材市场中大量纹理图案，并对其进行详尽的描述、文化内涵的挖掘及等级划分的分析，以期整理出一份对金丝楠木纹理进行较为全面、详细的分析和描述资料。

（一）金丝和纹理的定义

关于金丝楠木中“金丝”的形成，虽没有确切的科学证实其成分，但有前人分析猜测，楠木纤维之中富含油性物，木质纤维被这些油脂和油性物包裹，或者这些油性物在木质纤维的中间凝结在一起，这种结晶体在光照下显现出来的就是我们看到的“金丝”。

金丝楠木纹理的形成不是偶然的。比如瘿，即树瘤，简而言之就是树木生长的过程中出现病变结出的瘤子，很多都出现在靠近树根的地方，在树木遭受一些伤害之后，木材细胞进行一种无性繁殖，形成了自我保护的“愈伤组织”，金丝楠木的瘿子纹理的形成机理就是金丝楠木树木经过病变而形成的一种纹理。菊花纹中间的空洞可能是树枝从主干处的断裂脱落后继续生长而形成的。

（1）水波纹。水波纹与木材本身的纹理非常相似，也是金丝楠木纹理中最常见的。水波纹的纹理在面板上营造一副微风中的湖面一样的景色图，微风中，在阳光的照射下，湖面波光粼粼，湖水荡漾起伏。“水光潋滟晴方好”，就像是看似流动的水波，灵静而自然，立体感很强，又像是沙漠中沟壑起伏的沙丘。在太阳光照射下，迎光面很亮，尤其是凹凸部分最亮。加上金丝楠木本身在有光的照射下闪耀出生动立体的光泽。水波纹在金丝楠木纹理中常有见到，但是水波纹的价值却不能一概而论，如大波浪或者是一些比较罕见壮观的波浪纹，也可堪称金丝楠木纹理中的极品。在极品大波浪中，波浪起伏更具有连续性，如同层层水波堆积。金丝细腻似脂，光滑似绸，璀璨如金，具有流动的、立体的、移步换景的效果，光影摇曳，金波如幻，令人心醉神迷。有着水波纹纹理的金丝楠木制作成手串、工艺品摆件或是家具在市场上都经常见到。

（2）羽翼纹和凤尾纹。羽翼，原意为飞禽的翅膀，金丝楠木羽翼纹就犹如雄鹰在天空中翱翔时张开的翅膀。苏轼曾在《谢秋赋试官启》中写道：“翻然如畀之羽翼，追逸翮以并游；沛然如假之舟航，临长川而获济。”此纹理与水波纹有相似之处，但羽翼纹大多是比较细而密的波纹，形制大致对称，且稍微向外舒展酷似羽毛，故由此而得名，所以羽翼纹有时也叫作水波羽翼纹。

凤尾纹形似凤尾，与（水波）羽翼纹相似，但纹理比羽翼纹更丰富，尾部还多了一些形似凤凰尾部的羽毛，相比羽翼纹更加细而修长，因为鸟类翅膀上的羽毛一般来说是没有凤凰尾部的羽毛修长的，比简单的羽翼纹更多了一丝灵动。凤尾纹也是金丝楠木纹理中非常少见的一种纹理，更别说一些出现的双凤尾，那就更是少之又少了。

（3）菊花纹。菊花纹中间有空洞，或者中间看似有汇集点，纹路由中间向四周发散，呈放射状，而向四周放射的纹路就像是羽翼纹。“耐寒唯有东篱菊，金粟初开晓更清”，就像是菊花一样不畏寒的品行，菊花纹是树木先经历了中空才生长出的花瓣图案。菊花纹外表特征极为明显，很容易就能识别出来。

（4）闪电纹。闪电纹形状酷似自然界中的闪电，营造出一种将天空照亮的夜晚的闪电景象，“桑麻荒旧国，雷电照前山”，雷电交加，潮鸣电掣，摄人心魂。闪电纹将金丝楠木面板切割成支离破碎的样子，如同自然界中的闪电把天空分割得支离破碎，展现出它的威严与无情，给人震慑。闪电纹与其说像是雷电，不如说就是形如水波纹的不同样子。

（5）火焰纹。火焰纹形状就像燃烧正旺的火焰，焮天铄地，“炉中火焰炎炎起”，刮刮杂杂，熊熊烈火给人一种积极、热情的心理暗示，气势磅礴，浩浩荡荡，纹理在中间聚集向两侧散开，富有规则。火焰纹纹理有气势，画面富有极强的感染力，让人难以抗拒。火焰纹和羽翼纹有相似之处，都像是水波纹的变形，但火焰纹形状不如羽翼纹有规律，表现得更自然和随性。

（6）金丝纹。还有一种常见的纹理为金丝纹。金丝纹呈细丝状，纹理纤细密致，纹路是否弯曲及弯曲的程度要看金丝楠木本身的生长情况（树径是不是垂直、是不是有节子等），条条“金线”，流畅自然，“金丝”大抵与木材顺纹方向一致，而且基本没有其他混杂的纹路，呈现出的画面清晰，纹理单调简单，木材表面在阳光下“金丝”显现，金光闪闪，非常闪耀，有一种高贵而纯净的高雅气息。在金丝楠阴沉料中也常有金丝纹出现，称为“绿金丝”。

（7）布格纹。布格纹，顾名思义，就像由千丝万缕条金线织成的梭织布，纵横交错，“千丝万缕相萦系”，相互垂直的“线”交织而成，这种交织断断续续，具有不连贯性。对比金丝纹，布格纹多了明显的横向线条与纵向线条的交错，而纵横交错的“线”中，大致呈现出横向线短而粗，纵向线细而稍长的状态，并且都似有凹痕，这些“凹痕”颜色较深，这也增强了纹理的层次感、立体感和美观性。

（8）山峰纹。山峰纹是由三角形一样的线条在金丝楠木材板面上的画面，是由一条条形似山峰的图案组成，“明月出天山，苍茫云海间”，山峰崎岖陡峭，高耸入云，形状不一，俨然一座沉积岩山峰的剖面图，经过时间的沉淀，一层层的物质累积下来，形成结构层次分明的沉积岩，清晰自然，行云流水，美不胜收。有的金丝楠木板材较大，可能出现不止一座“山峰”，甚至是以“群峰”的形式出现，呈现出“山谷”与“山脊”的画面，使其立体感更强。

（9）山水纹。山水纹从字面理解，山水结合的纹理，与山峰纹相似，但不同的是，它在“两峰”之间还有形似流水的纹理，山峰与流水相结合，“白日依山尽，黄河入海流”，在金丝楠木本身特有的金色光辉下，就像金色夕阳下延绵不断的山脉和奔流入海的江水，仿佛一幅美丽的山水画，具有很强的画面感，非常美丽。这其实是一种简单的混合纹理，只是这两种简单的纹理混合在一起构成了一幅优美和谐的山水画。

（10）虎皮纹。虎皮纹是乾隆皇帝的最爱，“百兽为我膳，五龙为我宾”，虎以百兽为食，与五龙为友，听名字即可知其霸气外露，纹理的分布就像是老虎皮一般，也因此而得名，纹理奔放有一定弧线，且大致呈对称分布，在闪耀的金色之中镶嵌着一排排的色条状线，清楚具有层次感，远看就好像一只静卧的皮纹斑斓的猛虎。此类型纹理的金丝楠木常常应用在大件家具中用作面板，品相显得更加威严霸气，深受大众的喜爱。

金线纹与虎皮纹很相似，深色“线条”来回交织，形成对称感。但是其线条比虎皮纹“线条”更细密生硬，刚直锐折，更有规律，再加上金丝楠木本身的金黄色色泽，使得金线纹理大气但又不乏细腻之感。

（11）水滴纹和水泡纹。“秋荷一滴露，清夜坠玄天”，水滴纹形如晶莹剔透的水滴，灵动优雅。如同散落在荷叶上的露珠，时而聚拢，时而散开；也似在水面上跳跃的精灵，大大小小，晶莹剔透。颗颗水滴在板面中静谧、轻盈而生动，在光线照射下，水滴似乎在轻轻滚闪，滴滴水珠让人情不自禁陶醉在自然的清澈无邪里，而水滴的密集程度与分布的协调性也直接影响到了金丝楠木的观赏度和价值，密水滴相对普通水滴纹稀有程度较高，故价值更高。在金丝楠木众多纹理中，水滴纹看起来清澈灵动，是自然界里一道难得的景致。

水泡纹形状如同不规则地运动着的水泡，晶莹剔透，有的像是翻滚冒泡的滚烫的岩浆，充满动感和立体感。有着金丝楠木纹理的通性，一步一景，各个角度呈现出不一样的景象，变幻莫测，步移景换的奇幻效果，其底色的通透和纹理的动感都堪称金丝楠木纹理中的精品。水泡纹与水滴纹相似，但水泡比水滴大，且底色不如水滴纹通透澄明，水泡纹和龙胆纹也很相似，特别是与小龙胆，有时甚至不易分清。

（12）龙胆纹。龙胆纹满面几乎都一个样，有的像是大小不一的气泡，有的像是密水滴，比水滴纹大气但底色没有水滴通透；有的像水泡纹，却比水泡纹更具琥珀感；也有的像是水滴纹与水波纹的结合。龙胆纹立体感非常强，形状怪诞有形，气势恢宏，惊艳四座。它有大小龙胆之分，小龙胆细密而精致，一般用来做手串等小饰品；大龙胆一般用在大件制品中，不少商家都把它当作镇店之宝。

（13）金锭纹。金锭纹和水滴纹也很相似，但是鼓起的纹路没有水滴纹那样明显，又有点像龙胆纹，但不如龙胆纹那样突出和气势恢宏。就像是一锭锭银子摆在上面形成一个平面，闪闪发亮，也是很有立体感。也许是和龙胆纹和水泡纹都有些相似的缘故，我们平时都很少听到这种纹理，当我们看到一种纹理不能很明显地辨识出它是龙胆还是水泡纹，且又介于两者之间时，可以考虑是金锭纹。

（14）龙鳞纹。龙鳞纹和龙胆纹一样，根据其字面意思，就是像龙的鳞片一样，一片覆盖着一片，我们没见过龙的鳞片，但见过鱼鳞，一片一片，错落有致，层次感非常鲜明。和龙胆纹一样，一听到这名字就足以想象其恢宏霸气，这种纹理甚至比龙胆纹更罕见，所以可见其珍贵程度。

（15）瘿子。有种类似于龙胆纹的特殊的纹理为瘿子，仔细看有旋转的细密花纹，瘿子纹理的形成条件比较特殊，故其纹理形态也与其他纹理有着不一样的风格，物以稀为贵，使得它的收藏价值也略高于一般纹理。面板中瘿子的多少决定价值的大小，如果板面中瘿子越多，越细密好看，其价值就会大大增加，如满架葡萄瘿。

（16）丁丁楠纹。丁丁楠不作为一个单独的树种，是属于桢楠的一个小变种，主要产于雅安一带。丁丁楠纹是只出现在丁丁楠中的特殊纹理，故不常见。丁丁楠开板出来几乎都会有黑斑，以前人们觉得这是一种瑕疵，会影响成品的质量和美观，所以价格低于普通桢楠的价格。但随着欣赏风格的差异与价值取向的变化，有些人比较认可这种纹理风格，使得它现在的价值迅速增加，在纹理等级划分中排于中等级别。丁丁楠材质较坚硬，密度略高于桢楠，大多数材料的成色不如桢楠亮，颜色较暗，但是有些成色较好的丁丁楠的材料不亚于桢楠，高色光、带瘿络纹。

（17）云彩纹。云彩纹又叫影子纹，顾名思义，就是其纹理像天空中的云彩，纤云弄巧，形状怪异，图案没有规则，非常漂亮。有人把云彩纹和瘿子混为一谈，其实很容易区分开来，云彩纹是自然纹理，而瘿子则是树木发生病变而成，两种纹理的形成原因就存在着最本质的区别，且纹理也不相同，云彩纹比水波纹小，表现细致，朵朵云彩，丰富有型、状态不一，具有很强的画面感。

（18）金玉满堂。非要描述一下金玉满堂纹的特征的话，只能说，金玉满堂是龙胆纹、水滴纹、水波纹的综合纹理，它包含了三种纹理的部分特征，既有水波纹的流动感，也有水滴纹的晶莹剔透，还有龙胆纹的气势，这三种纹理综合起来的必然是精华。

（19）玫瑰纹。玫瑰纹是一种比较罕见的纹理，和其他纹理的命名一样，都是根据其形状或者样子来命名的，直观来看就像是一朵玫瑰花的轮廓，似有多层花瓣交错重叠在一起，很有层次感，这种纹理一般单一存在，一个板面能出现一个已是很罕见，略显单调，较适合小面积装饰面板。

（20）眼睛纹。眼睛纹是一种一直以来都很少见到的纹理，形似眼睛，炯炯有神；瞳孔，角膜，球结膜、上下睑等都是那么逼真，有的“单眼”，有的一对，这样的“眼睛”看起来是那样空灵、晶莹，对着它看，仿佛一种正有人在注视着你的感觉。

（21）枪眼纹。枪眼纹也是一种非常奇特的纹理，就像是一块金属片被子弹打通后的样子，枪眼有大有小，就像是经过不同径口的子弹打穿后的表面一样，显得千疮百孔、凹凸不平，立体感非常强。

除了上述较常见的纹理，还不时地会开出来一些奇特纹理的板材或者成品，例如龙头纹、太阳纹、虎首纹、金碧纹、漩涡纹、海浪纹、虎斑纹、丹霞纹、琥珀纹、豹斑纹、雀屏纹、狮面纹、圆月纹、奇雕纹、龙卷纹、霹雳纹等。其实这些奇特而罕见的纹理都是大家根据其外表特征或是一些其他缘故来命名的。这些纹理不仅给人以视觉的享受，而且具有非常高的收藏价值。

（二）金丝楠木纹理的分类和等级划分

金丝楠木纹理的形成机理较为复杂，迄今为止尚无科学的研究报道。纹理本身对金丝楠木制品的实用性也没有直接影响，但是通过对大量文献资料和收藏市场调研结果的分析和总结，综合考虑木材纹理的稀有程度、纹理立体感、呈现的 3D 效果、纹理的美学视觉感受和艺术价值、纹理图案所蕴含的文化内涵等因素后，发现不同的纹理具有较明显的市场价值差异，归根结底是受金丝楠木文化的影响果。由此得出了相对较完全的金丝楠木纹理的分类和等级划分。

综上所述，将收集的金丝楠木纹理细分为普通级别、中等级别、精品和极品四种。

1.普通级别

纹理要求：纹理图案常见，立体感一般，纹理表现较直观。

纹理种类：金丝纹、山峰纹、布格纹等。

2.中等级别

纹理要求：纹理图案稀有程度一般，图案生动自然，有一定立体感，纹理表现直观且蕴含一定程度的文化内涵。

纹理种类：水波纹、山水纹、虎皮纹、丁丁楠纹等。

3.精品级别

纹理要求：纹理图案稀有不常见，图案具有立体感，纹理表现直观且具有一定文化寓意。

纹理种类：金锭纹、水滴纹、水泡纹、火焰纹、闪电纹、云彩纹、羽翼纹、凤尾纹等。

4.极品级别

纹理要求：纹理图案极少见，具有独特的形成机理，图案极具立体感，其呈现出的3D效果十足且具有丰富的文化寓意。

纹理种类：菊花纹、瘿子、龙胆纹、龙鳞纹、金玉满堂纹、满架葡萄瘿、玫瑰纹、眼睛纹、枪眼纹等。

四、影响金丝楠木及其制品价值的主要因素

名贵木材和其家具制品的主要流通市场为收藏界和投资界，价格较高。如金丝楠木纹理丰富，故其纹理呈现的图案必然是影响其价值的重要因素。目前市场上金丝楠木的质量参差不齐，随着我国居民消费水平的提高以及传统文化的回归，那些做工考究、材质名贵、造型典雅的金丝楠木及其制品越来越受到市场和投资者的喜爱。随着金丝楠木资源的日渐稀少，金丝楠木及其制品显得更加珍贵，致使许多人将其作为重要投资方向之一。除了丰富的纹理，影响金丝楠木及其制品价格的因素还有很多，这一点广受消费市场及收藏界关注。笔者在对目前金丝楠木行业市场开展一系列调查研究的基础上，对其价值的主要

影响因素进行了分析和总结。

（一）树种和纹理的影响

目前市场上树种不同的金丝楠木制品的价格是不一样的。楠属中桢楠和细叶楠（俗称小叶桢楠）为目前市场认可度最高的金丝楠木树种，所以价值最高的树种为桢楠和细叶楠。其他楠属中相近树种如紫楠和闽楠也有一定的市场认可度，故价格次之。同时，还有一些树种在市场中普遍被认为是“假冒”金丝楠木，如木兰科的一些树种、黄金樟、金丝柚等，价值较低。所以，在金丝楠木制品的收藏购买中首先要选对树种。

其次，相比其他树种，金丝楠木纹理的丰富多彩是其最明显的特征，因此金丝楠原料及制品的价值与纹理密切相关。虽然金丝楠纹理较为复杂，但是根据市场调研的结果，其等级划分也是有迹可循的，也会对其价值造成较大的影响。往往根据纹理分级、纹理图案覆盖率以及纹理图案的完整性和精美程度等因素，来综合评判金丝楠木及其制品的具体价值。

（二）尺寸和工艺的影响

在金丝楠木制品价值的众多决定因素中，除了尺寸有较大的影响，制作工艺是否考究也是决定一件制品价值高低的重要参考依据。对家具而言，工艺主要包括两个方面：一是家具的结构与造型；二是家具表面的装饰工艺，如雕刻、镶嵌、打磨等。工艺是直接造就器物文化内涵的因素，如以“线条”为主要造型手段的明式家具，它体现的是古朴、洗练与典雅的风采。制作过程中多使用的榫卯结构，其工艺的细致程度也对家具有很大影响。

对木雕作品来说，雕刻工艺是决定木雕价格的重要标准之一。一件好的木雕艺术品往往构思巧妙、内涵深刻，能反映作者的审美观和艺术技艺，能充分体现出木雕艺术的趣味和材质美，是雕刻家心灵手巧的产物，也是装饰、陶冶情操的艺术品。

（三）艺术性和文物价值的影响

一件金丝楠木制品体现了设计者的美学修养、艺术功底和技术水平等综合素质。从这个意义上讲，金丝楠木制品的创作价值与书法、绘画等艺术门类的创作价值在观念上是相通的，其中设计理念和设计水平又是决定性因素。

除了受设计感和艺术性的影响，不同时代的金丝楠木制品有着不同时代的历史意义。金丝楠木家具是明清时代盛行的产物，是不可多得的历史遗存，可以反映出明清家具当时的选材、工艺制作水平、人们的审美、流行元素、设计风格，从而反映出当时社会的文化、经济、政治等信息。

（四）风格的影响

由于金丝楠木与传统文化息息相关，所以近几年金丝楠木在拍卖市场中比较活跃。根据几大拍卖公司（北京保利、瀚海、嘉德、匡时等）的数据，近几年的金丝楠木拍品的形式以家具、工艺装饰品为主，其中清代作品约占拍品总数的一半，明代拍品虽有但是很少出现，其余的便都是以仿清仿明的风格为主的当代作品。清代翘头案装饰性较强，工艺较复杂，明代平头案造型简单朴实，这两件书案的风格代表了明清不同时期的家具风格。另外，金丝楠木制作而成的工艺品摆件在市场上也较多出现，这类产品主要根据用材的大小、形状及其纹理进行个性定制，多为大小规格不一的茶盘，艺术雕刻摆件。

（五）其他因素

对于古董家具而言，其完整性和稀有性也是决定其价值的重要因素。家具保存之好坏也是影响其价值大小的一项重要因素。俗称“原来头”的古董老家具自然价值很高，有一些虽然有损坏，如桌椅的腿足、箱柜的铜活等，但只要结构不被破坏，部件不丢失，通过修复可以复原的家具也不失其价值。但如果一件家具的二分之一以上部件都是后配的，那这件家具的价值就大打折扣了。古董家具的价值高低还要看家具在历史上修配的程度，过去修配程度超过20%就不值钱，现在超过40%就不被认为是古董家具。

不仅要看家具的完整性，还要看这款家具的稀缺程度即存世量的多少。比如，小小的香几往往要大大贵于形体巨大的八仙桌，就是因为香几存世量少而八仙桌存世量大。明清家具种类繁多，大体而言，可分为厅堂家具、书斋家具与卧房家具。其中艺术价值最高的一般为家具重器，如宝座、床榻、衣柜等。除此之外，罕见品种一般更为珍贵，大尺寸的如画案和交椅传世量极少，自然很金贵。

除此之外，金丝楠木制品的价值还受其使用者或创作者给予它的附加意义等因素的影响。如一件作品的作者的知名程度无疑也是决定着其价值高低的关键因素，故在判断其价值大小时必须加以考虑。

五、系列金丝楠木家具设计实践

在基于金丝楠木文化的研究和综合前文对金丝楠木及制品价值影响因素的分析的前提下，对金丝楠木家具进行设计。在影响金丝楠木制品价值的众多因素中，设计所用原料本身的材质虽对于制品价格的影响最大，但并没有过多的选择，故不是家具设计时主要考虑的。且新作品也不受文物价值因素的影响，尺寸工艺则根据家具设计的门类限定而有一定的限制性。金丝楠木纹理丰富，目前市场中的金丝楠木家具已能做到将纹理充分表现，纹理图案面积较大的材料适合作为家具面板类能够将其纹理突出的地方，如羽翼纹常用来做柜子的面板，既有吉祥腾飞的寓意，又能通过较大的面板充分将纹理展示；一些纹理面积覆盖率较小的材料对家具门类影响并不大，如水波纹、山峰纹则可以用来做椅背凳子等用料较小的门类，也可以用作桌面面积较大的地方，将纹理在家具中完整表现。同时依据金丝楠木纹理的等级划分，家具中较大板面都可采用不同纹理的金丝楠木作为原料来适用于不同消费人群。所以，虽然金丝楠木纹理多变，但在此设计中也没有过多考虑。故影响金丝楠木制品价值的众多因素在设计中可控的就仅有设计风格和艺术性。

金丝楠木的纹理是独有的，故在设计中不会添加过多的修饰，不会因为繁杂的艺术性而喧宾夺主。目前市场中的金丝楠木家具主要有明式家具和清代家具两种形式，拍卖市场中也是如此。而明式家具恰好能够因为其简洁明了的造型，在仿古家具中脱颖而出，更加迎合现代人的审美。市场中的仿明家具很多，但更多的是一味模仿明代家具，而缺乏现代感。故在金丝楠木家具的制作上，我们缺少的是家具形式的创新。金丝楠木文化与中国的传统文化密切相关，我们在传承传统的同时应适当地做出创新，使陈旧的家具形式也能够与时俱进，更受大众的喜爱。根据这一观点设计了系列金丝楠木家具作品。

（一）仿明系列家具设计

市场调查发现，更受大众喜爱的仿古家具为明式家具，以“内柔外刚”为主题设计仿明系列家具。本次家具设计的灵感来源于对现代家具与明清家具的结合和改造，以及新文化元素的植入，设计为中式古典风格强烈的新中式家具。作品整体都是外方内圆的形态，设计寓意在于以木性比喻人性，形容此作品就如同一种人格，方正的外形正如坚强的外表，承受着压力，但内心柔和包容；或者说虽然外表规矩方正，但内心也不乏圆滑的处事道理，也暗示着外刚内柔的人性。给传统形式的家具多加一些新元素进去，突破现有市场中只注重明清家具形式，赋予传统家具新的活力。金丝楠木的独有纹理使原本沉稳的风格增加了一丝生动，充满质感的艺术效果，满足现代人的归属感，更满足了人们对中庸心境的需求，与方正厚重的外形所匹配，给人以沉稳的感觉。且按照现代人的审美风格，造型简约，表面无多余的雕刻髹饰，给人感觉简洁明了。

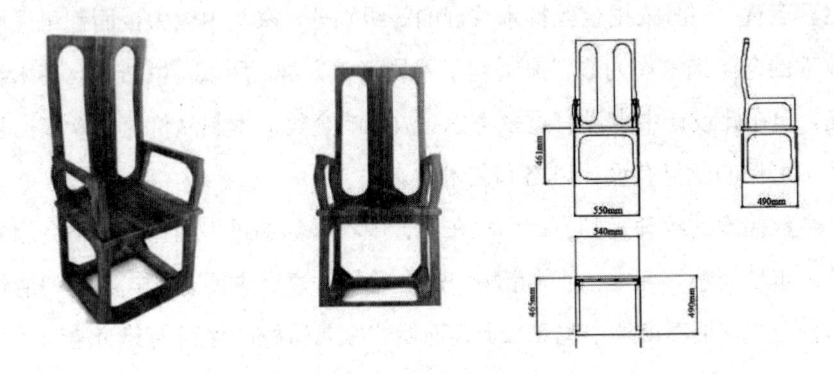

图 6-1　官帽椅

如图 6-1 所示，以官帽椅为原型融入“方圆”，内框较圆润，外框较方正，故名为内柔外刚。本作品由古典官帽椅外形进行设计创新，在椅背、扶手、椅腿多处进行处理，使作品整体在风格上虽传统却不乏现代的风格创意。

（二）“回”字系列书房家具设计

回字纹与金丝楠木都同样常常用于建筑、家具中。回字纹是以横竖折绕组成的几何纹样，与金丝楠木布格纹很是相似，且回字纹寓意“富贵不断头”，更是与金丝楠木“帝王木”之称相互呼应。金丝楠木散发出的香气具有宁神静心、净化空气的功效，而且金丝楠木有良好的防虫防霉特性，在古代便多用于制作盛放书籍衣物的箱柜，所以设计了系列书房家具。

“回”字系列书房家具设计是利用重构设计（重构设计是有意识地破坏，创造性地发现分散的意义并组合产生新形象的一种设计手法），将文字“回”作为不同于传统“回字纹”的符号元素，打破原始“回”字中横平竖直的造型，重新整合排列运用在家具设计中，融入家具造型。这种重新组合可以改变设计元素原本的次序与结构，也可以对部分进行重复或削减元素中的某个部分。

如图 6-2 所示的“回”型茶椅边几，设计元素是通过对“回”字的变形，将文字“回”作为符号元素，重新整合排列运用在家具设计中。“回”字有曲折、环绕、旋转之意，代表着中国传统文化中中国人讲究礼尚往来，也表达了源远流长、生生不息、九九归一、止于至善的中华传统文化的精髓。将中国的传统文化与家具造型结合，也反映了金丝楠木文化、传统文化与现代文化的完美融合。

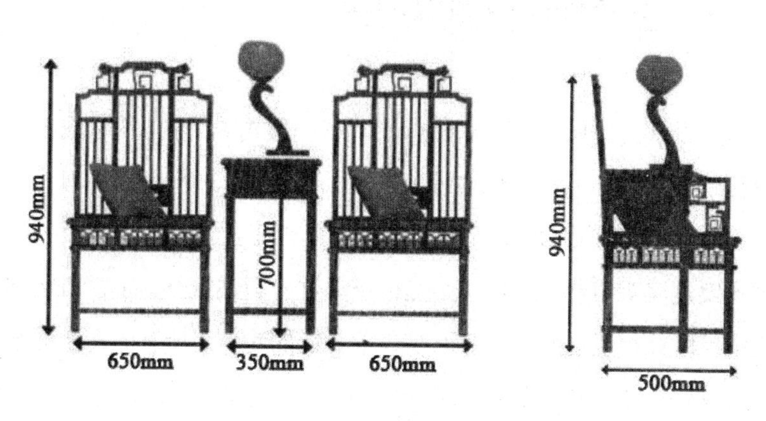

图 6-2　“回”型茶椅边几

以上通过对仿古家具造型上的创新，对市场中金丝楠木家具形式有了进一步的改进，不再局限于明清家具的风格，拓宽了金丝楠木家具的设计思路。多创新和结合现代元素，更加迎合现代人的审美观点，也能使金丝楠木家具市场发展更进一步。

第二节　金丝楠木材美学价值研究及其在服饰设计上的应用

一、金丝楠美学图案创作

图案设计的原则遵循美学的总原则——形式美法则，构造图案形式美的两个最基本的条件即为“变化与统一”。

自然界的一切物象千奇百态，千变万化，既各自相异，又能相互和谐协调。服饰图案是客观事物的反映，必然也反映这一自然规律。宇宙万物都处在不断变化中，但又相互达到平衡，形成和谐发展的趋势。所有的变化必须是在统一之下的变化，正所谓在变化中求统一，在统一中求变化。

统一，是指构成图案各要素之间的一致性和规律性，使得整体协调完整。统一是为了使设计主题得到突出，如主次分明，风格一致，达到总体协调和完整，形状、大小、色彩、位置、机理则可以具有各自的感染力。要做到统一，首先是造型的统一，各形态放在一起要保证其整体性；然后就是色彩的统一，色相环上的颜色各自组合可以创造无限种形式，但哪一种才让人视觉舒适，心情愉悦，就需要寻找其统一的规律，使图案色调统一。

变化使设计在构成要素上形成对比、对照，从而在形象、秩序、层次甚至在色彩等方面有所突破、创新，变化是丰富形式美、发展形式美的基本方法。图案的设计中，变化是多样的，如形状的变化、颜色的变化、方位的变化、虚实的变化、肌理的变化等，不同的变化使一个原本较为简单的图案获得不同的效果变化，配合服饰上的多样表现形式，则获得丰富的视觉效果与美感。

（一）形式美法则

这里从对称与均衡、条理与反复、节奏与韵律、对比与调和、比例与分割、动感与静感、统觉与错觉七个方面进行论述。

1.对称与均衡

对称指形态在左右、上下或中心对称，均衡是人们追求视觉上的安定感。对称的图案可分单对称、双轴对称，又可分为绝对对称和相对对称。对称是美感中较为常见的形态，它给人的感觉是有规律、严肃，表达是安静、平静之美。均衡，由对称的形式发展而来，由图案的形态对称变成力量上的对称，达成心理上的平衡。图案的均衡有很多方式，可以是造型上的，也可以是图形的构图和色彩上达成均衡，从而让人们获得视觉和心理上的美的享受。木材美学图案的均衡表现在微观构造图像中管孔与周围薄壁组织的排列组合，以及与木射线细胞的排列组合形式上。

2.条理与反复

由于图案装饰美感的需要，图案必须具有一定的条理性，让人们感到一种规整、整齐的美感，同时也为工艺过程省时、省力。

在图案的构成形式中，二方连续和四方连续图案都是这两者的美的表现。在图案设计中，有秩序排列的造型时，在构图中出现聚散、轻重、虚实等都能够表现出条理与反复之美。

3.节奏和韵律

节奏和韵律在图案设计中表现为相同或不同形状的反复出现、线的变化等形式。节奏，就如五线谱上的乐符，充满跳跃感，表现在点线面的规则和不规则的疏密、聚散、反复的综合运用；旋律，就像每一首七言律诗都朗朗上口，最后一个都很押韵，即所有的变化都按一定的规律来进行。表现在金丝楠木材纹理上，有宏观下的山水纹，起伏不定体现出一定的节奏，但整体和谐。又如横切面上，管孔大小不一，分布却又较为均匀，形成一定的韵律感。

4.对比与调和

对比是图案质或量上的区别和差异，在图案设计中一般是形、线、色的对比，刚柔静动的对比。调和就是合适，就是各部分之间是统一的，有了秩序之美。两者都是获得图案设计统一和变化的重要方法。

5.比例与分割

物体的整体和局部的尺度或数量关系称为比例。每个人都具有比例的概念，一般人们会根据自身的视觉惯例、自身尺度和心理需求来认定物体的比例要求，所以图案设计中也应该遵循这样的原则。分割是比例的手段，是指将图案外轮廓线内的整体块面分成几个明显的区域进行安排，不同地方的块面可以安排不同的分割而获得不同的情调，图案设计时应先确定分割线的方向和位置，其次是线型或形象。

6.动感与静感

动感和静感是实物存在的两种方式，动与静的区别均取决于人的视觉心理作用。世上的万物都是运动着的，图案要表现事物就必须反映其运动，获得具有活力的形象。静态是动态的相对形式，静表示安静、停止、稳定，往往表现出一种统一和谐的平静之美。动和静的巧妙结合都可以在图案中具体体现，如我国传统图案中，许多图案的造型、骨架都是相当对称、方正的，表现出静态的平稳，而局部运用十分丰富多变的形式，可以让整个图案获得变化的动态之感，具有强烈的感染力。

7.统觉与错觉

统觉就是当看物体时通常会注意其最强部分或有变化的那部分，使得视觉上会认为其他部分以这部分为中心。统觉现象在染织品的图案中比较常见。错觉，是人的眼睛观看物体时因受图案的形状或色彩的影响，而在心理上产生一种错误认识，从而产生视觉错误，如把长看成短、把大看成小等。在服饰设计中总会出现视觉错误的现象，如人们会喜欢穿黑颜色的衣服来显瘦，穿嫩黄色的衣服来显白。

（二）金丝楠木材美学图案的构成形式

1.独立式构成

（1）单独纹样，也称为单独图案。单独纹样的构图有两种基本形式：对称形和平衡形。单独纹样形象的变化和动势不受外形的束缚，也不重复自身，在服装、服饰上运用广泛，图案醒目、活泼自由。

（2）适合纹样，是将纹样处理成适合于某一特性的外轮廓中，在组织纹样时受外轮廓的制约，组成后去掉外轮廓时，纹样仍具有外轮廓的特点。要求图案形象完整，布局合理，很适合地配置在特定的形状内。适合纹样分为形体纹样、角隅纹样和边缘纹样。

2.连续式构成

所谓连续式构成，是指一个基本单位或纹样上下、左右或八方持续的排列构图，形成连续不断的图案构成类别，并可以无限延长和扩大。

3.二方连续纹样

二方连续纹样又叫花边图案或带状纹样。指图案元素左右对称在水平方向连续或上下对称在垂直方向连续构成的连续图案。有散点式、倾斜式、直立式、折线式、波浪式以及综合式。二方连续的连接方法常有平接、错接、拼接等。

4.四方连续纹样

四方连续纹样指由一个纹样或几个纹样组成的一个单位，向四方重复的连续的图案构成。设计四方连续纹样时，应具有整体布局协调和统一的艺术效果，同时要求突出主题，主宾有序，层次分明，还要顾及纹样在规定范围内穿插变化、疏密，虚实关系。

四方连续是服装面料、家用纺织、室内装饰的图案设计最为理想、应用广泛的构成形式，分为散点式、连缀式和重叠式三种组织方式。散点式有平排和斜排，斜排有阶梯错接法和移位排列法；连缀式有菱形连缀、波形连缀、阶梯连缀、四方连续式连缀、二方连续式连缀等；重叠式四方连续是用两种或以上不同的纹样重叠形成的图案，此种图案在设计时要分清主次，需层次分明。

（三）木材美学图案创作

图案设计由构图、纹样和色彩组成，其中纹样是图案构建的基础和关键。在图案创作中的构思过程，就是对设计元素（单形）的寻找过程，是一个收集、整理设计所需形象资料的过程。图案的设计应该是经过反复的推敲和观测后获得具有代表性的元素，从而进行图案的设计。在进行木材美学图案设计时，先对对象的构造特征进行系统研究，获知其特征后推敲出美学基本元素，以此为元素进行木材美学图案的设计。

木材美学的研究是基于木材构造的研究，木材美学图案的设计是来源于木材构造图像，将木材构造图像中可以突出木材之美的元素提取出来作为图案设计的元素进行图案创作，结合图案构成的原理和色彩组合方法，以计算机图像处理软件如 Photoshop、分形软件 Ultra Fractal 等设计软件为手段，即可创作出丰富的木材美学图案。

二、金丝楠木材美学服饰制作工艺

金丝楠木材美学图案实现在服饰上的应用，需要经历案例设计、服饰布料印刷和服饰成衣制作三个步骤，而服饰布料印刷则是实现理想方案到现实物品的过渡，是整个过程的核心，木材美学图案花纹繁多，色彩渐变多样，对于这种具有多样效果图案的实现可以采用当前较为热门的数码印花技术。

从 20 世纪 90 年代初开始，我国的数码印花技术得到高速发展，获得了革命性的技术变革。数码印花较传统的印花技术而言，具备了更为明显的优势，它摆脱了传统印花工艺在生产过程中分色描稿、制片、制网、配色、调浆等过程，让整体印花过程变得简单操作，不仅使厂家缩短了工期，降低了成本，更让广大的设计师获得了图案设计观念上的解放，因为有了数码印花技术的支持，设计师们可以充分发挥自己的艺术创造力去进行设计观念的表达，实现更大范围的图案印花。数码印花突破了传统印花的套色和重复单元大小的限制，更为灵活地创建色彩组合，轻松地完成了色彩渐变，具有反应速度快、印花质量高等优势，从而缩短了印花服装的制作周期，增加了服装面料的表现效果，使服饰风格更为多样化、个性化，从而满足人们对服装面料小批量、高精度、绿色环保、时尚化的设计需求。

根据市场所用的染料和工艺特点，目前市场上主流纺织品数码印花技术主要有分散升华染料数码转移印花、颜料数码直喷印花、染料墨水数码直喷印花3大类。

三、金丝楠木构造特征与美学元素分析

（一）金丝楠木宏观构造

1.宏观花纹特征分析

金丝楠原木基本为金黄色，但经过几十年及百年的氧化或千年阴沉，颜色发生了很大变化，主要有黄金、紫金、乌金和幽绿几种。其形态主要分为新料、老料和阴沉料。新料指由生长着的树砍下所得或长久未用过的木料，一般有一年或几年、十几年，不同的年限颜色变化不同。老料指来自老屋拆迁、老家具拆卸或被遗留在山上几十年、上百年的树段或树根。阴沉木金丝楠分为“土沉”与“水沉”，即从河床下或泥土里挖出来的木料，这样的金丝楠多为大料，纹理丰富，成色多变。笔者选用了广西青秀山金丝楠博物馆珍藏的阴沉金丝楠标

本与广西南宁会展中心珍贵金丝楠家具展中的各家具进行金丝楠宏观花纹研究，力求获得最为还原而本真的金丝楠宏观花纹，开发金丝楠木材美学价值。

金丝楠最显著的标志是在阳光照耀下，木材表面金光灿烂，看到木材纹理中金丝犹如绸缎般光泽闪亮而飘逸，不同角度还呈现不同花纹。并非有金丝的木料就是金丝楠木，也并非所有的楠木经过长久的岁月都能金丝存留。金丝楠在不同颜色、不同强弱光线的照耀下有着不同的视觉美感，它的纹理美是动态的、立体的。对于本次研究采集到的金丝楠纹理，可分为十二种，包括金丝纹、水波纹、水滴纹、水泡纹、龙胆纹、火焰纹、波涛纹、丁丁纹、凤尾纹、菊花纹、金丝楠葡萄纹和羽翼纹。

2.宏观花纹美学元素分析

金丝楠以其“金丝”闻名，从光照下可观金丝楠表面质地晶莹通透，纹理细密瑰丽，精美异常；其纹理更是变化万千，形态百般，姿态各异，让人惊叹不已。而这些优美的纹理都可以作为木材美学元素提取出来进行美学价值开发。金丝楠的各种纹理各有其特点，线条或弯曲委婉、或磅礴大气，形状或单一独处、或满幅成画，都是在长时间下天然形成，自成一体，若是单独分开提取，容易破坏其整体效果。对于宏观花纹美学元素可以整体借鉴整幅花纹形态进行美学研究，保存金丝楠宏观花纹原本的特征。例如，对于金丝楠水波纹的美学元素的运用，如图 6-3 所示，在原始素材 6-3（a）图片中截取较为清晰的部分图 6-3（b）作为美学元素，运用图片处理软件对其进行变化处理。原始素材中的水波纹线条清晰流畅，在金丝明亮的光色映衬下显得水光潋滟，有波光闪闪的特点，其图案纹样已经清晰明朗，则根据水波的特点，给予水波淡蓝色，加以水光白色，凸显波光闪亮，处理后如图 6-3（c）所示，获得金丝楠水波纹木材美学元素。

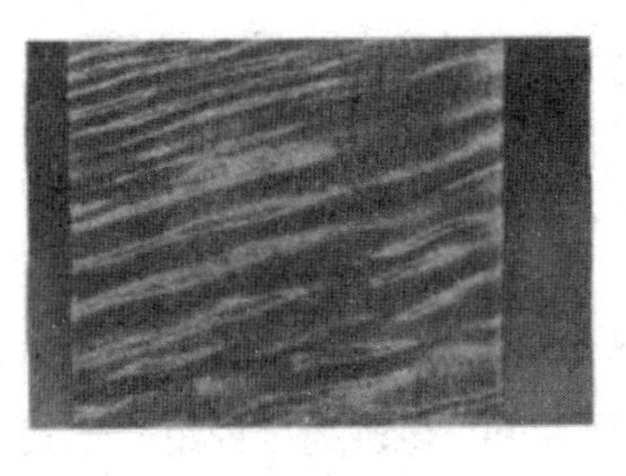

(a) 水波纹原始

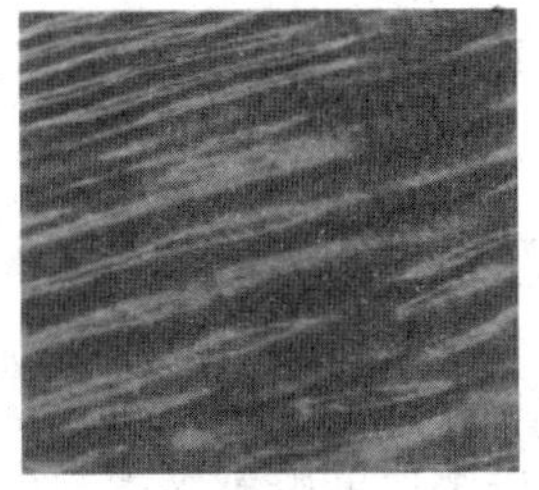

(b) 元素

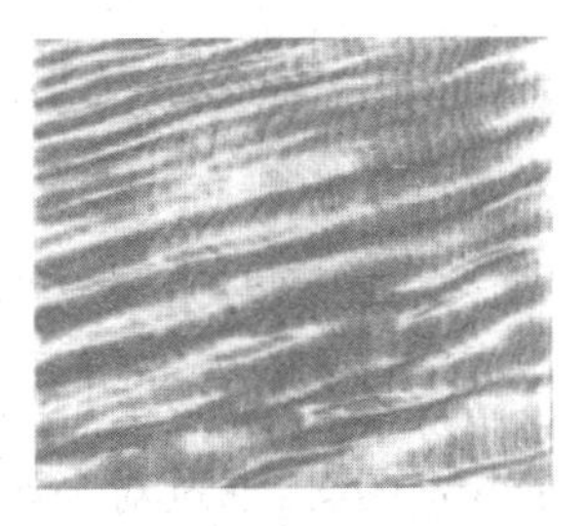

(c) 元素构成效果

图 6-3　金丝楠宏观美学元素应用——水波纹元素

（二）金丝楠木微观构造

1.金丝楠木微观构造特征

通过生物荧光显微系统和传统木材解剖方法，获得金丝楠构造图像如图 6-4 所示。

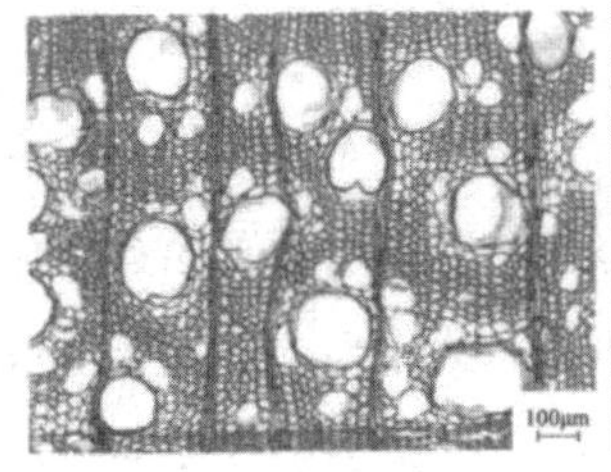

(a) 横切

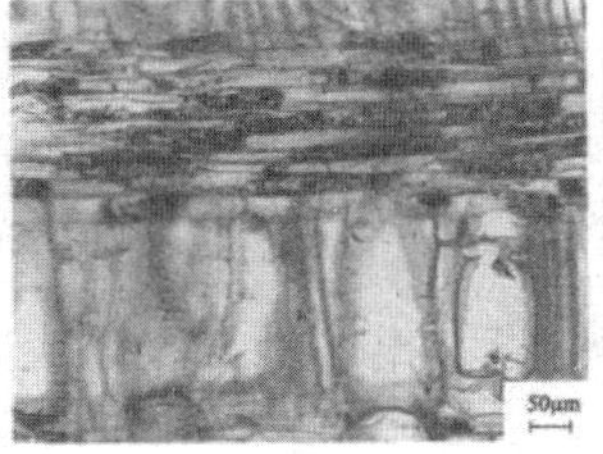

(b) 径切

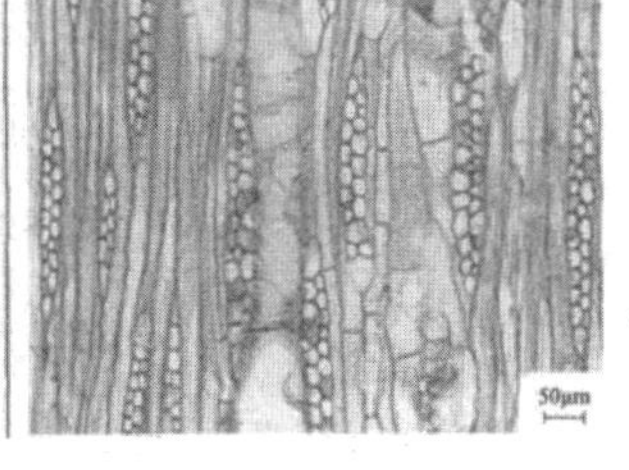

(c) 弦切

图 6-4　金丝楠（桢楠）木材微观构造图像

金丝楠木材黄褐色带绿，心边材区别不明显，新切面有香气。生长轮明显，散孔材、管孔略小，肉眼可见，大小基本一致，分布较为均匀；木射线清晰可见，较细。

导管单管孔及 2～3 个径列复管孔，管孔团可见，具有侵填体，管间纹孔式互列。导管分子单穿孔，偶尔见梯状复穿孔。轴向薄壁组织环管状、稀有环管束状、星散状，油细胞或黏液细胞较多。木射线非叠生，局部区域木纤维细胞排列较为整齐；单列射线比较少，多为多列射线，宽多为 2～3 个细胞，高为1 020个细胞，射线组织异形Ⅱ和Ⅲ型，射线内含有丰富的树胶和油细胞。未发现晶体的存在。

2.微观构造美学元素

木材的美表里如一，它的美不仅表现在宏观花纹上，也表现在其内部构造的纹理图案。通过对金丝楠木材的解剖发现，微观下管孔与射线排列组合方式、木射线细胞形态与木纤维排列、木材不同切面中的木射线与木纤维纵横交错的排列组合等结构特征都存在着独特的美学形态，这些都是形态学中点、线、面的形式美组合，形成具有不同美感的元素，而这些具有美感的元素均可以提取出来，进行微观构造之美的挖掘和开发。

（1）管孔与木射线之美。无论从金丝楠横切面体视图，还是从金丝楠横切面微观图，都可以清晰地辨识出管孔与纵向线条的木射线，管孔多为较为圆润的圆形和卵形，大小变化差异小，并且分布均匀，数量较多。穿插在这些圆润的孔洞之间的是细细的线条——木射线，木射线自然形态下是带弯曲感的纵向走势，犹如根根丝线将颗颗硕大的珍珠串联，而圆的孔洞中并不是空的，含有丰富的侵填体，在光照下闪闪发光，使得显微镜下的金丝楠横切面画面具有让人愉悦的美感。可以将微观横切面的管孔与木射线排列形态作为美学元素提取出来，进行图案设计，从而获得美学图案。如图6-5（a）所示微观横切面原始素材，将其进行处理，获得较为清晰明朗的管孔与木射线排列图6-5（b），对其可以进行变色或肌理处理获得不同的元素效果图6-5（c）。

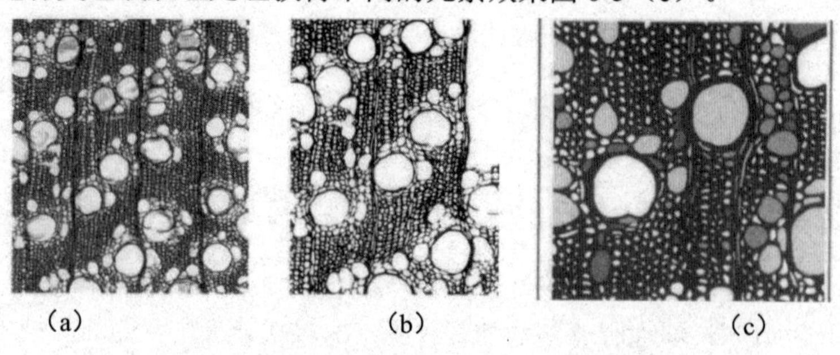

图6-5　金丝物做观美学元素——管孔与木射线

（2）木射线与木纤维之美。木材弦切面上，纺锤形的木射线一直是木材构造中重要的美学元素，金丝楠微观构造中木射线在弦切面中呈现细长的形象，宽 2～3 个细胞，高可达 1 020 个细胞，并且细胞腔中具有丰富的内含物，犹如镶入反射各种光芒的宝石，让木射线细胞更具形象美感；同时，分散排列在木射线之间的木纤维也引人注目，木射线非叠生，但是局部与木纤维的排列异常整齐，整幅画面是木纤维的流线动态线条与纺锤形木射线的交织，射线细胞中醒目的内含物如同闪耀的宝石。这些美学元素提取出来，可以进行木射线与木纤维的美学价值开发。如图 6-6（a）所示，挑选弦切面较为清晰明朗的图像作为原始素材，对此整体画面可以整体运用，与微透明的一幅白色线条图纹相叠加，调整图像整体颜色等，可获得不同风格的元素，如图 6-6（b）所示。

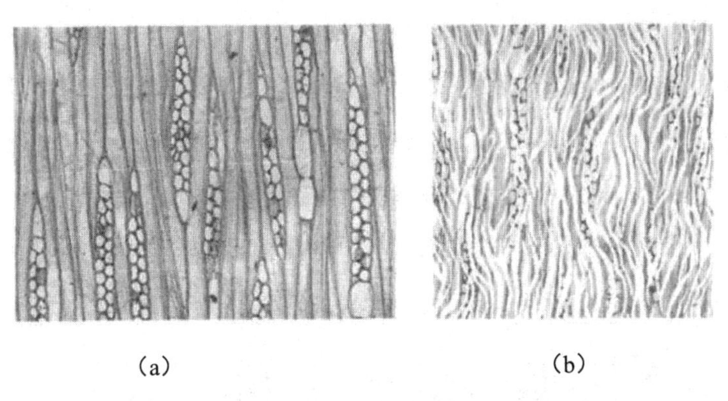

（a）　　　　　　（b）

图 6-6　金丝楠微观美学元素——木射线与木纤维

（三）金丝楠超微观构造

1.超微观构造特征

在扫描电子显微镜下观察金丝楠木构造，获得金丝楠超微观构造。管孔分布略均匀，导管横切面为圆形和卵形，单个及径列复管孔 2～3 个，管孔具有丰富侵填体，管壁纹孔形状如刻痕状或肾形，规律排列，形态自然有序；导管壁间为具缘纹孔，纵切面上可以看到具缘纹孔整体；导管分子间为单穿孔，穿孔底壁略微倾斜，导管腔内有侵填体。木纤维通常壁较薄，具缘纹孔较多。薄壁组织量较少，呈环管状，环管束状或翼状。

木射线异形Ⅱ型及Ⅲ型，单列射线较少，多列射线 2～3 个细胞，径切面与弦切面上木射线纹孔，木射线细胞富含球形内含物。侵填体丰富，形状为圆球形。

2.超微观构造美学元素

扫描电子显微镜下的金丝楠摒除了宏观外观的金丝花纹和光泽，显露出较为深入的构造特征，譬如管间纹孔的各种形态，又譬如侵填体的球形形态等，这些都是金丝楠超微观构造特征的体现，也是其美学元素存在的标志。

纹孔是木材构造中特有的构造，它无处不在，导管壁上、木射线细胞和木纤维壁上等均能看到，多为裂痕般或横卧较为圆润的肾状，这些形态不一的纹样都是极其自然的流线组成的，本身具有自然的美感，都适合作为美学元素提取出来进行美学价值开发。本试验拍得导管间的具缘纹孔，可以清楚地看到这对纹孔相对的“碗状”姿态，如图 6-7（a）所示，纵列的图像组成一幅特殊的具缘纹孔—导管壁图像，将其作为木材美学元素提取出来，进行配色处理可以得到其美学元素图像，如图 6-7（b）所示。

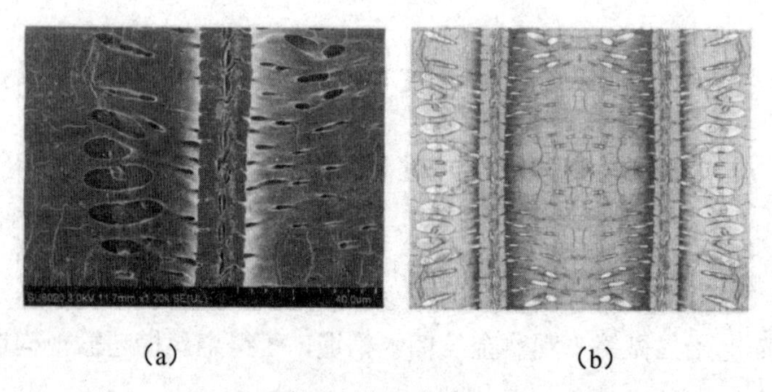

（a）　　　　（b）

图 6-7　金丝楠超微观美学元素——具缘纹孔

四、金丝楠木材美学图案创作与服饰应用设计

（一）宏观构造美学图案创作与应用设计

以金丝楠木中龙胆纹图像为设计原始素材，图案设计灵感也取自于此图像中龙胆纹所构成图案形态，如图 6-8（a）所示——素材中的龙胆纹多具有棱状、三角形的角纹，纹路较为厚实，一簇簇、一丛丛，众多的角棱形成了一座座的山峰，在若隐若现的金丝纹路中伫立，从下到上，如由近到远，山越来越深入，消失在深远的云雾中。这是一幅具有丰富蕴意、图像饱满的图画，可以将其进行基本的图像处理，很好地运用到服饰的图案设计中。将原始素材进行基本图像的清晰处理，如图 6-8（b）所示，给予水墨画中的丹青渐变色，渐变至白色，对局部图像拍摄的高光进行补充处理后，获得龙胆纹的木材美学图案。

经过设计的龙胆纹图案，在丹青和浅白的颜色线条勾勒下，酷似山峰的轮廓被勾勒出来，白色的山体增添朦胧之感，为凸显其图案与图画之感，将此图案应用于服饰的无袖长款上衣上，并选择了透明纱织质感的布料与较为古典的一字扣进行搭配，颜色仍以图案设计的丹青色为主。主体图案在上衣下摆中可清晰可见，往上逐渐减弱；布料的纱质感自带轻盈、缥缈的感觉，配以图案龙胆纹若隐若现，相得益彰；领口与衣服侧边开口都使用了带有古风之韵的一字扣，与图案山峦缭绕之韵相配合，可以增添衣服的风韵。

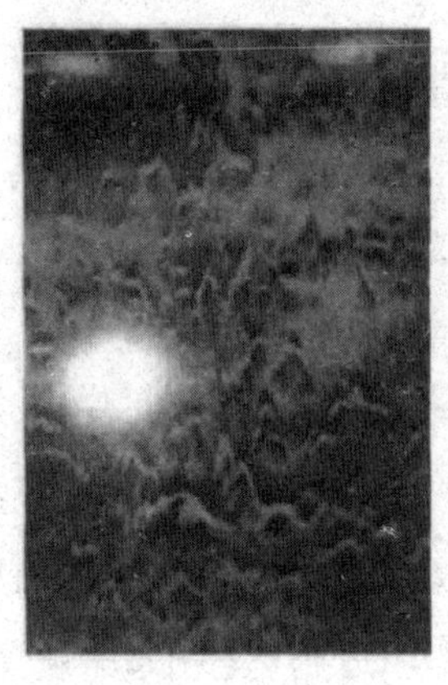
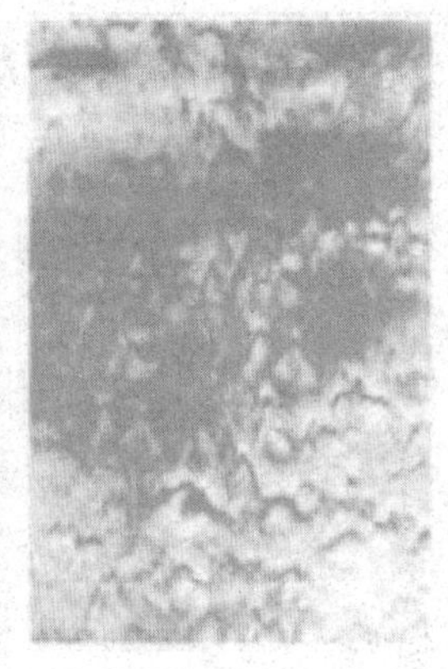
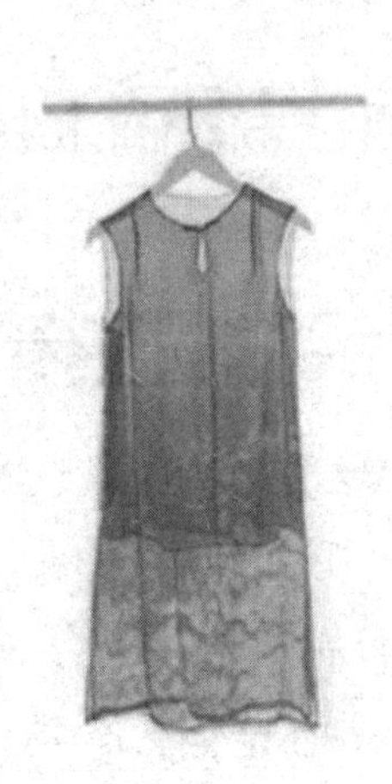

（a）原始素材　　（b）图案设计　　（c）服饰应用设计

图 6-8　龙胆纹无袖上衣的设计过程

（二）微观构造美学图案创作与应用设计

以下以木射线套装长裙为例进行说明。

金丝楠弦切面中主要的构造美学元素有木射线、木纤维及油细胞等，木射线形状为纺锤形，细胞腔内具有丰富的内含物，油细胞也常见。金丝楠弦切面的美学价值开发，力求将木射线形态应用于图案中，以体现出金丝楠木射线之美。在此案例中，将采用两种图案相叠加的方法进行图案的效果设计。图 6-9（a）为所使用的金丝楠弦切面构造图像，将其颜色调整至微蓝色，加以图像图 6-9（b）的叠加组合，让两种图像的效果叠加，使木射线图像原本较为直板的形象改变为白线条形的流动形象，让整个图案显得形象生动。图案叠加的原则在于两个图案应可清晰辨清各自纹样姿态，如图 6-9（c）所示。

最后将其应用于服饰设计中，如图 6-9（d）所示，将具有流动、飘逸形象的木材美学图案应用于女士夏季长而飘逸的纱织裙摆上，裙摆布料材质柔软、透明，木射线图案的装饰起到点睛作用，并且长裙摆宽大，设计的图案可以大比例在布料上体现而又不突兀，当人体走动时，裙摆上的图案将随着走动而摇摆，更显视觉美感。这里下装大摆裙上的纹样较为突出，上装则配以素色而简单的款式，这样可以让整体服饰达到视觉均衡，获得服饰均衡之美的效果，最后为此裙装配以纯黑色背心式上衣。

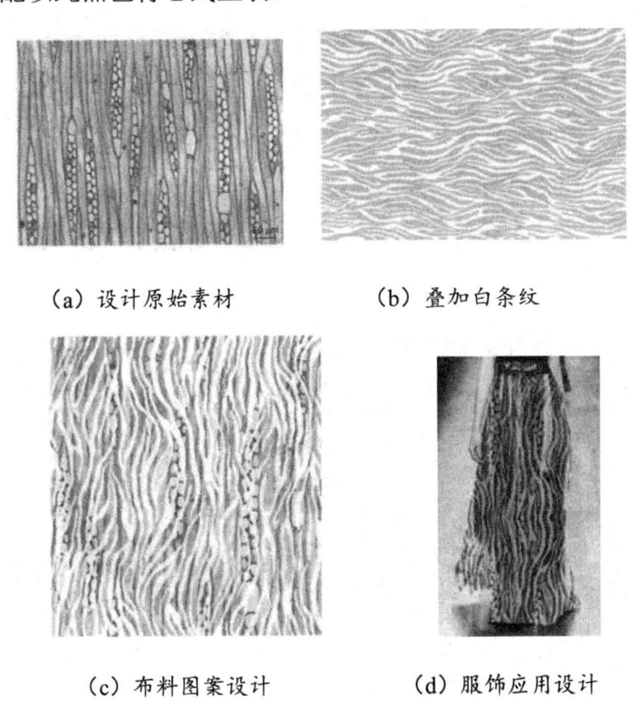

(a) 设计原始素材　(b) 叠加白条纹

(c) 布料图案设计　(d) 服饰应用设计

图 6-9　木射线套装长裙的设计过程

（三）超微观构造美学图案创作与应用设计

案例选择的原始素材为金丝楠在扫描电子显微镜下观察到的导管壁上纹孔图像，如图 6-10（a）所示。图像中可观察到导管壁上的似肾状、或似眼睛的纹孔，以及在中间极为吸引眼球的导管间壁上的具缘纹孔对，两侧的导管壁将具缘纹孔包裹在中间，纹孔道在壁上开出一孔洞，整列观察相邻的导管壁就像人体脊椎一般，“脊椎”中间还有两个碗状相对的纹孔室，整个图形形成花边一样的纹路，成为图像的点缀。三种纹孔的不同形态对于认识金丝楠木超微观构造有着重要的作用，因此将其作为设计素材，进行美学图案创作有着重要的意义。图 6-10（b）中，将原始素材作为元素，进行了色彩调整，给予了白蓝色的渐变，让原本灰色的图像增添蓝色赋予的温暖感；之后对其元素采用四方连续图案构成方法将元素组合，得到相应的木材美学图案效果，如图 6-10（c）所示。

所创作的美学图案整体淡雅的蓝色带来的情感是温暖、平静，因此将其应用于棉布的服饰材料中，并将其服饰应用款式定为棉麻布料常制作的唐装式长裙。长裙采用唐装立领，并搭配开衫的一字扣，款型为 A 字形，即上窄下宽，下装配以素色白色宽大的裙裤。

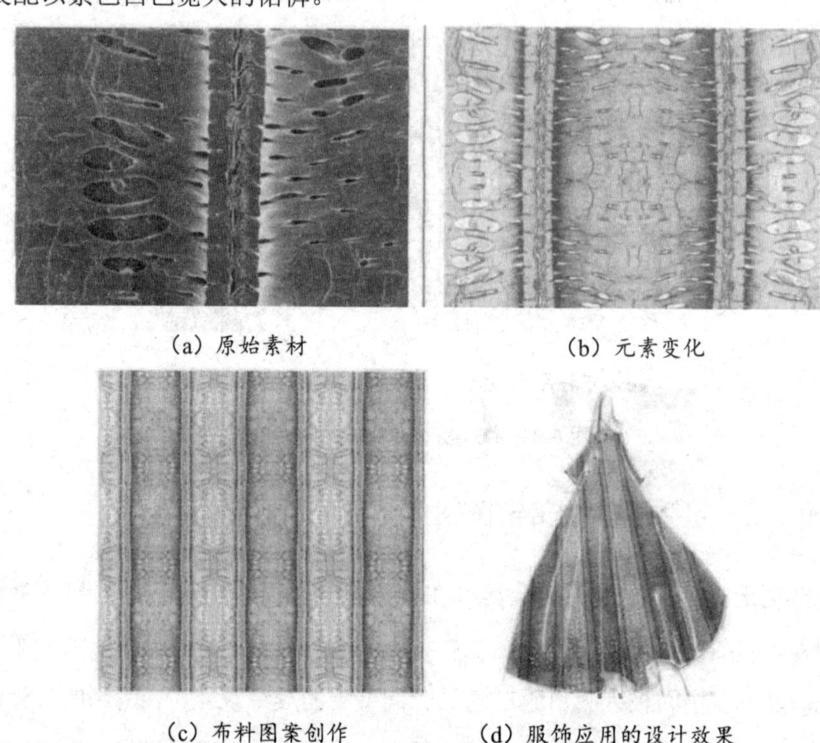

（a）原始素材　（b）元素变化

（c）布料图案创作　（d）服饰应用的设计效果

图 6-10　具缘纹孔布衣的设计过程

第三节　金丝楠木视觉感知特性在文创产品设计中的应用

当代社会人们有80%的时间是工作、生活在建筑内部的，适宜的室内环境有助于人们的身心健康，并提高工作效率，而恶劣的室内环境则恰恰相反，存在着使人精力分散、烦恼、生厌甚至引起疾病的不良因素。在室内环境空间中，不同产品、不同材料的选择往往会产生不同的效果。现如今，在产品的挑选和评价中，用户不仅仅考虑产品本身的价格和功能，而更多关注的是产品所用的材质及其所表达出的情感。金丝楠木作为中国特有的优质良材，在历史上被用作高级建筑、家具用材，表面质地温润，光泽感犹如绸缎，经千年不腐不蛀，加之生长缓慢，存量匮乏，造就了其极高的经济价值。

不同的材料所表达出的情感是不同的，在感知材料的过程中，我们通过各种感官方式与材料进行交互，如视觉、听觉、嗅觉和触觉。我们对材料外观的许多方面都很敏感，如外观、机械性能、化学性能等。这种丰富的感觉是我们生活的重要组成部分，是一种人类对材料感知能力的表达。

当代中国正日益走近世界舞台中央，国家软实力的提升更加紧迫，让国际社会了解中国精神与中国价值更加重要。就提升国家的文化影响力而言，文化创意产业发挥着重大的作用，同时也可以带动国家经济的增长。我国为了提升文化软实力，就文化的创新发展实施了一系列的推进举措和激励政策。2018年3月12日，十三届全国人大一次会议新闻中心所举行记者会上，教科文卫委员会副主任委员吴恒明确表示，文化产业促进法已经列入全国人大常委会的五年立法计划。近些年来，文化创意类产品正在迅速发展，但也存在一些具体的问题。在文创产品的设计与研究中，大部分产品较偏重于造型与色彩，缺少对木材花纹感觉特性的研究，尤其是光反射特性的研究，而金丝楠木花纹的光反射特性具有代表性，对其进行研究有利于拓展其在文创产品设计中的应用范围。同时，在应用材料的过程中，设计师不应只关注材料的物理力学性能、机械加工性能以及功能性改良等方面，更为重要的是对材料自身带给人们生理和心理上的美感享受的理解，了解材料带给用户的意象感知。

木材具有易加工的特点，是人类最早使用的材料之一，常见于家具、陈设品等。木材给人以生态自然的感觉，有着宜人质感、丰富的色彩和肌理、清新的芳香、柔和的触感等特点。

常用木材分为两类：硬木类和软木类。其中硬木又分为，一种是红木，如紫檀、黄花梨、酸枝木、鸡翅木等，这类木头多用于做高档家具或首饰等；另一种是杂木，如胡桃木、樱桃木、榉木等，常用于制作家具。

对于木材品类的文创产品设计，应注重考虑对材质从不同维度分类，如从档次、硬度、色彩、肌理等方面分类。根据木材的特性不同，巧妙地借用木材原本的肌理和颜色去设计，可以创造出不同温度和情怀的产品。

因金丝楠木具备特有的光泽，在不同角度的光照条件下会呈现出不同的效果，根据金丝楠木的这一特性，设计一款金丝楠木时钟灯。时钟灯的设计灵感来源于中国古代的计时工具“日晷”，如图 6-11 所示。

图 6-11　日晷

“日晷”是根据日影的位置来判定时辰的计时仪器，而这款金丝楠木时钟灯也是利用光的区域来确定时间，不同时刻钟的表面光照会呈现出不同的效果。

主体为金丝楠木，边缘有一圈光源传感器，指针的末端有个光源发射器，因此在不同时刻，金丝楠木时钟灯的表面会呈现出不同的光照区域，从而营造出一种动态的花纹效果。

金丝楠木视觉感知特性在文创产品设计中的应用研究经过讨论，考虑到实际的光源分布以及光照效果，设计了如图 6-12 所示的两个场景效果图。同时此款时钟灯既具装饰功能又很实用，有两种尺寸可供选择，可挂置在墙壁或放置于桌面。

图 6-12　场景效果图

此款时钟灯具有多种风格的纹理，如单一、华丽、朴素、丰富等，如图 6-13 所示。

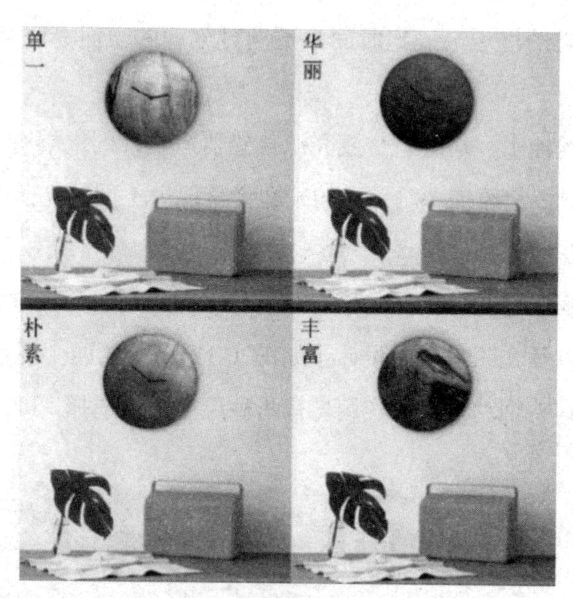

图 6-13　不同的意象

考虑到能否去掉指针从而做一个有别于传统的设计，对此进行了探索设计，重点考虑了光照的展示方式。光源位于圆盘的周围一圈，不同时刻会亮起不同的灯，会随着时间的变化发出不同区域的光照，从而使得金丝楠木表面呈现出不同的光泽闪耀效果，如图 6-14 所示，分别显示了 3 点、5 点、7 点时刻的光照情况。同时本设计还传达了一个理念，以光的流逝暗示着时间的流逝，呼吁人们珍惜当下的时间，去创造不一样的精彩生活，就如这款金丝楠木时钟灯一样，熠熠生辉。

图 6-14　效果展示图

参 考 文 献

[1] 曹健，裴云霞，倪天虹，等. 桢楠种子贮藏方法初步研究[J]. 湖北林业科技，2019，48（6）：9-12.

[2] 曹苜，刘刚. 闽楠研究进展[J]. 长江大学学报（自然科学版），2016，13（27）：1-3.

[3] 曹钰，胡涛，张鸽香. 氮磷钾配比施肥对美国流苏容器苗生长的影响[J]. 东北林业大学学报，2018，46（12）：25-28，34.

[4] 陈绿青. 闽南山地红楠天然林群落特征研究[J]. 青海农林科技，2012（3）：12-14＋75.

[5] 陈淑容. 不同立地因子对楠木生长的影响[J]. 福建林学院学报，2010（2）：157-160.

[6] 陈永霞，杨永康. 浙江楠苗期生长和光合特性研究[J]. 江苏林业科技，2005，32（1）：8-10，16.

[7] 程栋梁，靳冰洁，徐朝斌，等. 年龄对刨花楠胸径生长速率的影响[J]. 安徽农业大学学报，2013，40（1）：34-37.

[8] 邓集杰，曾亿仟，傅建伟. 楠木移植苗造林试验[J]. 湖南林业科技，2013（3）：63-64.

[9] 范剑明，谢金兰，张冬生，等. 闽楠嫩枝扦插繁育研究[J]. 林业与环境科学，2017，33（6）：30-33.

[10] 贺维. 施肥对盆栽桢楠幼树生长特性及土壤肥力的影响[D]. 成都：四川农业大学，2015.

[11] 洪利兴，杜国坚. 杭州市郊黄梅坞林区天然紫楠林的群落结构与生长规律

研究[J]. 浙江林业科技，1989（4）：22-33.

[12] 胡婧楠，刘桂华. 2 种楠木幼树光合生理特性的初步研究[J]. 安徽农业大学学报，2010，37（3）：541-546.

[13] 胡胜男. 闽楠不同种源林分的生长特性与适应性研究[D]. 长沙：中南林业科技大学，2021.

[14] 亢亚. 超氮磷钾配比施肥对观光木幼苗生长生理及光合特性的影响[D]. 南宁：广西大学，2020.

[15] 李冬林，丁彦芬，向其柏. 浙江楠引种育苗技术[J]. 林业科技开发，2003，17（3）：43-45.

[16] 李冬林，金雅琴，向其柏. 珍稀树种浙江楠的栽培利用研究[J]. 江苏林业科技，2004，31（1）：23-25.

[17] 李冬林. 浙江楠苗期生长与生态适应性研究[D]. 南京：南京林业大学，2003.

[18] 李峰卿，王秀花，楚秀丽，等. 缓释肥 N/P 养分配比及加载量对 3 种珍贵树种大规格容器苗生长的影响[J]. 林业科学研究，2017，30（5）：743-750.

[19] 李鸣. 施肥对荷兰 3930 杨生长、生理特征的影响[D]. 沈阳：沈阳农业大学，2007.

[20] 李文. 配比施肥对青钱柳生长及生理特性的影响[D]. 长沙：中南林业科技大学，2020.

[21] 李秀英. 森林健康评价指标体系初步研究与应用[D]. 北京：中国林业科学研究院，2006.

[22] 李因刚，刘新红，马俊伟，等. 追施氮肥对浙江楠容器苗生长和叶片养分状况的影响[J]. 南京林业大学学报（自然科学版），2016，40（1）：33-38.

[23] 李因刚，柳新红，马俊伟，等. 不同培育措施对浙江楠容器苗生长和根系形态的影响[J]. 东北林业大学学报，2015，43（1）：41-44.

[24] 李因刚，柳新红，马俊伟，等. 追施氮肥对浙江楠容器苗生长和叶片养分状况的影响[J]. 南京林业大学学报（自然科学版），2016，40（1）：33-38.

[25] 李毓琦，刘小金，徐大平，等. 不同施肥量对降香黄檀苗木生长和叶片养分状况的影响[J]. 热带作物学报，2021，42（2）：481-487.

[26] 李珍. 不同基质配比及施肥配方对紫楠、浙江楠容器苗生长的影响[D]. 杭州：浙江农林大学，2012.

[27] 廖承川，李成惠，陈卫新，等. 浙江九龙山自然保护区红楠群落特征及种群动态的研究[J]. 福建林业科技，2007，34（4）：129-133.

[28] 林立彬，李铁华，文仕知，等. 闽楠木荷混交幼林生长规律及生物量分布特征研究[J]. 中南林业科技大学学报，2019，39（4）：79-84，98.

[29] 林立彬. 闽楠木荷混交林生长特性及养分竞争关系研究[D]. 长沙：中南林业科技大学，2019.

[30] 林伟通，郑明轩，刘玉垠，等. 氮磷钾配比施肥对浙江闽楠幼苗生长及生理的影响[J]. 南方林业科学，2019，47（3）：20-25.

[31] 刘芳. 楠木优树子代苗期性状遗传变异研究[J]. 福建林业科技，35（2）：39-41.

[32] 刘洁. 四川芦山地区阴沉木雕刻工艺品产业的发展[J]. 家具，2014（3）：51-55.

[33] 刘志雄，费永俊. 我国楠木类种质资源现状及保育对策[J]. 长江大学学报（自然科学版），2011（15）：221-223+2.

[34] 龙汉利，张炜，宋鹏，等. 四川桢楠生长初步分析[J]. 四川林业科技，2011（4）：89-91.

[35] 龙汉利，周永丽，殷国兰，等. 桢楠扦插繁育试验研究[J]. 四川林业科技，2011（6）：85-87.

[36] 罗杰，陈洪，申玲，等. 不同肥料种类及其施肥水平对 1 年生桢楠幼苗光合生理及生长特性的影响[J]. 应用与环境生物学报，2017，23（5）：826-836.

[37] 马俊伟，柳新红，何云核，等. 不同施肥处理对细叶楠容器苗耐寒性的综合评价[J]. 浙江林业科技，2016，36（2）：37-43.

[38] 孟庆银，洪宜聪，王雨水，等. 指数施肥杉木实生容器苗造林生长对比研究[J]. 南方林业科学，2020，48（5）：33-36.

[39] 钮峥洋，张晓晨，祁奇，等. 江苏宝华山自然保护区紫楠群落基本特征[J]. 浙江农林大学学报，2019，36（6）：1134-1141.

[40] 彭龙福. 不同林分密度楠木人工林生物量初步研究[J]. 福建林业科技，2008（4）：15-18，23.

[41] 邱勇斌，乔卫阳，刘军，等. 容器、基质和施肥对浙江楠容器大苗的影响[J]. 东北林业大学学报，2016，44（9）：20-23.

[42] 曲芬霞，陈存及. 闽楠组培快繁技术研究[J]. 林业实用技术，2010（11）：7-9.

[43] 饶金才. 楠木树种良种选育及培育技术研究[J]. 吉林农业，2014（3）：66-67.

[44] 谭飞，胡红玲，胡庭兴，等. 不同施肥水平对桢楠多胚苗生长及光合生理的影响[J]. 西北植物学报，2016，36（6）：1172-1181.

[45] 田晓俊，温强，汪信东，等. 闽楠、红楠 AFLP 反应体系建立[J]. 林业科技开发，2009（3）：38.

[46] 王东光. 闽楠嫩枝扦插繁殖技术及生根机理研究[D]. 北京：中国林业科学研究院，2013.

[47] 王淑敏. 不同叶面肥对荞麦生长发育及产量和品质的影响[D]. 呼和浩特：内蒙古农业大学，2014.

[48] 王天. 不同氮磷钾肥施用量对油橄榄根系发育及根际微环境的影响[D]. 兰州：甘肃农业大学，2020.

[49] 王晓，王樱琳，韦小丽，等. 不同指数施氢量对闺楠幼苗生长生理及养分积累的影响[J]. 浙江农林大学学报，2020，37（3）：514-521.

[50] 王晓云，夏明忠，华劲松. 不同时期遮光对蚕豆根瘤生长及产量的影响[J]. 西昌学院学报（自然科学版），2007（2）：28-31＋36.

[51] 王亚玲. 潭江流域森林生态系统健康评价[D]. 广州：中山大学，2005.

[52] 魏欢平，李翠，罗罡，等. 桢楠愈伤组织诱导初探[J]. 浙江外国语学院学报，2013（4）：105-108.

[53] 温强，叶金山，江香梅，等. 闽楠基因组 DNA 提取及 RAPD 反应条件优化[J]. 江西林业科技，2005，33（2）：5-7.

[54] 吴丹婷. 楠木天然林群落动态特征研究[D]. 杭州：浙江农林大学，2021.

[55] 吴国欣，王凌晖，梁惠萍，等. 氮磷钾配比施肥对降香黄檀苗木生长及生理的影响[J]. 浙江农林大学学报，2012，29（2）：296-300.

[56] 吴小林，张玮，李永胜，等. 浙江省 3 种楠木主要天然种群的群落结构和物种多样性[J]. 浙江林业科技，2011（2）：25-31.

[57] 吴载璋，陈绍栓. 光照条件对楠木人工林生长的影响[J]. 福建林学院学报，2004（4）：371-373.

[58] 肖燕霞. 乐山市桢楠母树林的优选[D]. 雅安：四川农业大学，2020.

[59] 谢庆宏，吴振明，吴际友，等. 闽楠嫩枝扦插繁殖技术研究[J]. 湖南林业科技，2011（6）：43-45.

[60] 谢亚斌. 不同配方施肥对闽楠幼林影响的研究[D]. 长沙：中南林业科技大学，2019.

[61] 徐世松. 浙江楠种群生态及引种栽培研究[D]. 南京：南京林业大学，2004.

[62] 轩寒风. 指数施肥对不同世代杉木容器苗生长和 N、P、K 养分承载影响[D]. 福州：福建农林大学，2018.

[63] 杨佳伟. 不同种源闽楠的光合生理特性研究[D]. 长沙：中南林业科技大学，2017.

[64] 姚振一. 闽楠幼树光合特性研究[D]. 长沙：中南林业科技大学，2013.

[65] 余云云. 桢楠组培技术研究[D]. 合肥：安徽农业大学，2019.

[66] 喻勋，李晋忠，魏志刚，等. 闽楠种源育苗试验[J]. 林业科技开发，2002，16（4）：19-20.

[67] 袁晓倩，郭巧生，王长林，等. 氮磷钾配方施肥对旋覆花生长及化学成分含量的影响[J]. 中国中药杂志，2019，44（15）：3246-3252.

[68] 臧敏，邱筱兰，刘志龙，等. 江西三清山浙江楠种群结构与分布格局分析[J]. 安徽师范大学学报（自然科学版），2017，40（5）：469-472.

[69] 张明月. 施肥对罗汉松苗木生长及生理的影响[D]. 南宁：广西大学，2019.

[70] 张往祥，吴家胜，曹福亮. 氮磷钾三要素对银杏光合性能的影响[J]. 江西农业大学学报（自然科学），2002，24（6）：810-815.

[71] 张炜，何兴炳，唐森强，等. 四川桢楠生长特性与分布[J]. 林业科技开发，2012（5）：38-41.

[72] 钟全林，胡松竹，黄志强，等. 刨花楠生长特性及其生态因子影响分析[J]. 林业科学，2002（2）：165-168.

[73] 周磊. 施肥对细叶桢楠苗木生长与生理影响的研究[D]. 合肥：中南林业科技大学，2021.

[74] 周维. 氮磷钾配比施肥对格木幼苗生长及光合特性影响的研究[D]. 南宁：广西大学，2016.

[75] 朱雁，田华林，张季，等. 桢楠容器育苗技术及苗木质量分级标准[J]. 中

国林副特产，2014（1）：42-43.

[76] 邹慧丽. 浙江省 5 个楠木类树种的林分特征的初步研究[D]. 杭州：浙江农林大学，2012.